博士论丛

重大节事影响下的城市形态研究

Research of Urban Morphology under the Influence of Mega-events

王璐 著

中国建筑工业出版社

图书在版编目（CIP）数据

重大节事影响下的城市形态研究/王璐著．一北京：中国建筑工业出版社，2009
（博士论丛）
ISBN 978-7-112-11560-0

Ⅰ．重…　Ⅱ．王…　Ⅲ．城市规划—研究—中国
Ⅳ．TU984.2

中国版本图书馆 CIP 数据核字（2009）第 204467 号

本书以重大节事为切入点研究城市形态，并在研究大量案例的基础上归纳和总结重大节事影响下城市形态演进的特征和规律，共分 9 章。分别为绪论；重大节事对城市发展的影响；重大节事与城市建设的关系发展历程；重大节事影响下的城市形态演变维度；重大节事影响下的城市形态演变要素；重大节事影响下的城市形态演变层级；重大节事影响下的广州现代城市形态演变历程；重大节事影响下的广州现代城市形态演变特征；研究结论及展望。

* * *

责任编辑：常　燕

博士论丛
重大节事影响下的城市形态研究
王璐　著

*

中国建筑工业出版社出版、发行（北京西郊百万庄）
各地新华书店、建筑书店经销
霸州市顺浩图文科技发展有限公司制版
北京京丰印刷厂印刷

*

开本：787×1092 毫米　1/16　印张：12⅜　字数：235 千字
2011 年 4 月第一版　　2011 年 4 月第一次印刷
印数：1—1200 册　　定价：**28.00** 元
ISBN 978-7-112-11560-0
（18826）

序　言

北京奥运、上海世博、广州亚运，中国城市在充分地利用重大节事带来的发展机遇。尽管“重大节事（mega-event）”这个词在中文里还没有固化成稳定、统一的词语，但重大节事活动的举办对中国城市发展的影响作用已有目共睹。

广州作为南方都市，有着强烈的商业氛围，其优秀的城市传统历经2000余年的积淀。建国初期开始，广州商品交易会的举办对城市形态的转变起到了独特的作用。改革开放后，广州在20世纪80年代初期首次承办第六届全国运动会，城市开始随“节事”起舞，天河体育中心的新建开创了国内城市以重大节事为契机、跨越发展的先河。到今天，广交会、全运会、亚运会，广州城市发展与重大节事的互动影响已经历了半个世纪。可以说，广州城市形态的现代演变中，重大节事是一条极其重要的脉络，其特征、规律以致得失对中国城市具有重要的借鉴参考作用。

伴随广州的发展，我们的城市设计研究积极贴近广州近15年的发展。王璐博士从重大节事的视野，对广州城市形态的演变进行剖析，是多年来参与实践、埋头研究的结晶。特别是许多内容探索的深度，超越了博士论文的深度，作为青年学者来说是难能可贵的。

在2010广州亚运会即将召开的时候，恰逢本书的出版，将我们对广州的反思和积累与大家分享。本书写作修改时对广州发展的思考与忧虑，依然在文中浮现。关于广州城市形态演变特征的分析总结，在王璐博士论文完成两年后的今天，对照广州乃至类似城市的发展动态，本书更加别有深意！

是为序，并以此预祝广州亚运会的顺利召开。

孙一民

2010.9

目　录

第1章 绪 论

1.1 基本概念

1.1.1 "重大节事"的概念

重大节事最初是从事件及事件旅游这一学科范畴派生出来的概念。与其相关的基本概念主要包括：

(1) 事件，来源于英文"event"一词，是指短时发生的 (transient)、一系列活动项目 (activity/event program) 的总和；同时，事件也是其发生时间内环境/设施 (setting)、管理 (management) 和人员 (pepole) 的独特组合[1]。在诸多事件中，经过策划的事件是学术研究关注的重点所在[2]。

(2) 重大事件，即英文中的"mega-event"，是指能够使主办社区和目的地产生较高的旅游和媒体覆盖率 (media coverage)、赢得良好声誉 (prestige) 或产生经济影响的事件[3]。也常被译为重大节事[4]、重大事件活动、事件活动、大型活动、大型节事[5]。本书采用"重大节事"的译法，主要基于以下两方面的原因：

1) 在国内文献中，由于研究领域和研究对象的差异，对"重大节事"与"重大事件"的定义有多种理解和界定。戴光全在《重大事件对城市发展及城市旅游的影响研究》(2004) 中提到："节事"应与英文"festival and special event"对应，实指"节日和特殊事件"[6]。这一归类和译法体现出其在旅游专业领域研究的应用和需要。彭涛在《大型节事对城市发展的影响》(2006) 一文中将"mega-event"译为"大型节事"，并定义为"对主办城市、地区和国家有着重大影响的体育、商业和文化事件"[7]。王建国在"广州城市设计论坛"上所作的主题报告《城市节事、城市设计与城市发展》(2005) 中则提出"城市重大节事或事件不仅是城市发展中的不可缺少的内容，而且一般会对城市的发展建设产生显见的、持续的乃至重大的影响。节事一般是城市发展中作为一种预期安排的文化、体育、商务、博览或宗教活动的目标而存在，人为驾驭的分量重一些；城市事件就比较复杂一些，有人们预期之外的偶发性事件，有非理性因素而造成的偶发事件，有政治性事件，也有经济性或文化事件"[8]。可见，城市规划、城市设计领域的研究中，更倾向于以"节事"来界定城市中举办的重要活动，以区别那些对城市规划影响相对较小的各类突发事件。

2) 从中文语言的角度来看，"重大节事"与"重大事件"的定义也存在差异。"事件"的范畴相对于"节事"更为宽泛，侧重的类型也不尽相同。

《辞海》中对“事件”一词的解释是“法律事实的一种”，是指“与当事人意志无关的那些客观现象，即这些事实的出现与否，是当事人无法预见或控制的。依据我国民法能产生民事法律关系的事件有：①自然人死亡的事实；②发生自然灾害和意外事故的事实；③时间经过的法律事实”[9]。可见，对于“事件”的理解，一般更侧重于客观事实，是自然或意外发生的，而不是人为控制的，也不含褒贬之意；相对来说，对于“节事”的理解，则更侧重于对社会能产生积极的影响和作用的活动。因此，以中文语言的习惯理解，更倾向于以“节事”来界定举办的活动，区别于非人为控制的事件。

本书主要的研究范畴是城市中举办的大型的，对城市经济、社会、文化等多方面发展产生影响的，同时与城市建设、城市形态密切相关的活动，与“mega-event”涵盖的属性切合，是其中与城市规划、城市设计领域研究直接相关的部分。基于中文语言的理解和研究领域的特指，本书采用“重大节事”这一译法对应英文“mega-event”，其概念为：对主办城市、地区和国家产生重大影响的，经过策划，短期举办的政治、经济、文化体育活动。

重大节事应当具有典型的特征，并符合一定的标准。大都市委员会在《重大节事对大城市的影响》（2002）的专题报告中曾提出重大节事的5个标准：①节事的独特性；②需要大量的投资；③影响城市持续的转变；④吸引大量游客；⑤吸引国际媒体报道[10]。此外，从美国学者韦恩·奥图（Wayne Attoe）和唐·洛干（Donn Logan）在《美国都市建筑》（1995）一书中提出的“城市触媒”（urban catalysts）的概念来看，重大节事还具有城市触媒的许多特性。“城市触媒”的概念强调一项独立的城市建筑或计划方案对后续的城市发展所带来的正面影响，强调个体开发所具有的连锁反应潜力。概括来讲，城市触媒的作用主要是通过下面提到的8个方面来达到的：①新元素改善了周围的元素；②触媒可以提升现存元素的价值或做有利的转换；③触媒反应并不会损坏其环境的内涵；④正面性的触媒反应需要了解其背景内涵；⑤并非所有的触媒反应都是一样的；⑥触媒设计是策略性的；⑦产品比元素的总和要好；⑧触媒本身仍然是可辨认的[11]。因此，重大节事作为城市触媒，其引发的连锁反应和良性触媒作用，对城市发展具有重要意义。如何利用和发挥重大节事的这一特殊属性，是研究和决策中最值得关注的部分之一。学者罗奇（Roche）还曾对各类公众事件进行过具体分类，将世界博览会（以下简称“世博会”）、奥林匹克运动会（以下简称“奥运会”）、世界杯足球赛（以下简称“世界杯”）等这类全球性的节事归纳为重大节事（表1-1）。

然而，并非所有城市都有机会举办世界级别的重大节事，大部分的城市只有举办国家级别甚至地区级别节事的机会，但仍然能够利用节事的影响促进城市迅速发展。因此，本书对重大节事的案例研究，尤其对我国城市的案例分析，并不严格拘泥于世界级别的节事范畴，也包括许多对城市发展影响深远的国家级和城市级节事（图 1-1）。例如对于广州城市的研究部分，重大节事的范畴不仅包括亚运会、广交会[1]，还包括全国运动会（以下简称“全运会”）。

公众事件的类型和规模　　表 1-1

事件类型 Type of Event	实例 Example of Event	目标观众/市场 Target Attendance/Market
重大节事 Mega-Event	世博会 Expos 奥运会 Olympics 世界杯 World Cup (Soccer)	全球范围　Global
特殊节事 Special Event	F1 国际汽车赛大奖赛 Grand Prix (F1) 区域性赛事（例如泛美运动会）World Regional sport (e. g. Pan-Am Games)	世界/国内 World Regional/National
标志性节事 Hallmark Event	国家体育赛事（例如澳大利亚运动会）National sport event (e. g. Australian Games) 大城市体育赛事/节日庆典 Big city sport/festivals	国内　National 区域　Regional
社区节事 Community Event	乡镇事件 Rural town event 地方社区事件 Local community event	区域/地方　Regional/local 地方 Local

资料来源：Roche, M. Mega-events and Modernity: Olympics and Expos in the growth of global culture [M]. London: Routledge, 2000: 6.

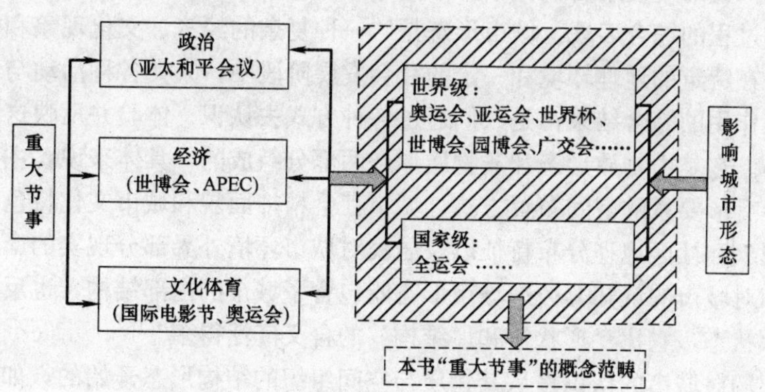

图 1-1　本书“重大节事”概念范畴示意
资料来源：作者自绘

1.1.2 “城市形态”的涵义

形态，来源于英文“morphology”一词，意指形式的构成逻辑，即形

---

[1] 早在 1957 年，第一届中国出口商品交易会在广州举行。因为在广州召开，交易会也习惯被称作“广交会”。从 1957 年直到改革开放之前，广交会一直是中国对外贸易洽谈成交的惟一渠道，并创造了从不间断的奇迹，“中国第一展”的地位由此形成，迄今已有 50 多年的历史。

式构成的客观规律。德国诗人、学者哥德最早提出“形态学”的概念，用以研究植物的外形、生长与内在结构的关系。随后，“形态”的概念很快应用到更多的学科领域，并延伸到城市领域产生了城市形态学。实际上，我们所讨论的“形态”和“形态学”的概念就是来自于生物科学，经地理学派和人文学派引用而成为研究城市的方法[12]。换言之，用形态的方法分析城市的社会与物质环境即为城市形态学，其包含两层涵义：(1) 城市形态由各种城市要素组成，也是要素之间复杂关系的外在表现形式，因此从局部元素到整体的分析过程是必要而有效的；(2) 城市形态具有动态的特点和不断演变的特性，发展演变的过程有其自身的规律，形态结构的转换有一定的法则和约束，历史的方法有助于理解其中的规律性。

城市形态一般有狭义和广义之分。建设部颁布的《城市规划基本术语标准》中对城市形态的定义为：城市整体和内部各组成部分在空间地域的分布状态，这一解释强调城市实体表现出来的具体的空间物质形态，也即狭义的城市形态[13]；《中国大百科全书——建筑·园林·城市规划》(1988) 对城市的形态的定义是：城市内在的政治、经济、社会结构、文化传统的表现，反映在城市和居民点分布的组合形式上，城市本身的平面形式和内部组织上，城市建筑和建筑群的布局特征上等[14]。这一定义强调城市形态是社会多要素、多功能系统作用下的城市外部表现形式，即广义的城市形态。可见，从广义的角度来看，城市形态是城市整体的物质形态和文化内涵双方面特征和过程的综合表现。城市形态是“一种复杂的经济、文化现象和社会过程，是在特定的地理环境和一定的社会发展阶段中，人类各种活动与自然因素相互作用的综合结果；是人们通过各种方式去认识、体验并反映这一城市的总体。它是由物质形态和非物质形态两部分组成的，具体来说，主要包括城市各有形要素的空间布置方式、城市社会精神面貌和城市文化特色、社会分层现象和社区地理分布特征以及居民对城市环境外界部分现实的个人心理反映和对城市的认知。……城市形态既包含了城市的内部结构，也反映了城市外部状态，它比‘形状’和‘结构’的含义广泛得多”[15]。

人们对城市的认识是从其物质与空间组织的结构形态开始的，如物质设施分布结构、土地利用结构、城市交通系统结构、空间形态结构等，这些结构形态都反映出每个城市机能平衡、秩序与效率。然而，单从城市的外部形象、空间布局等显性结构方面是很难把握住城市形态总体的，城市还具有相对隐性的结构内容，包括：城市的社会发展、经济状况等。就显性结构和隐性结构的关系而言，两者相互依存、不可分割。显性结构是形式，隐性结构是内容，隐性结构尽管是不可见的，但却是有规律、可以辨识的。把握城市形态的显性结构、隐性结构及其关系对于规划师来说尤为重要，这是认知城市形态的关键[16]。也正如周霞在《广州城市形态演进》(2005) 一书中指出的，城市形态的研究“具有抽象概括的特点，只有对城市的各物质要素的内在机制及其外部关系进行高度凝练抽象和概括，才能把握城市总体的形态特征，揭示城市内外部诸要素相互间的关系，从而把握城市的演变规律，为城市的发展提供指导，这正是城市形态研究的特点所在”[17]。

本书的城市形态概念实际上是对其广义的理解，以物质形态层面与非物质形态层面为基础，理解重大节事在城市形态演变过程中的影响与作用，研究范畴主要包括重大节事建设对城市结构、城市空间形态、城市土地利用、城市基础设施等物质形态方面的影响，以及社会发展阶段、经济发展水平等非物质形态在城市物质形态变化过程中的潜在作用。

1.2 研究对象

本书的研究对象：(1) 重大节事影响下的城市形态；(2) 重大节事影响下的广州城市发展及形态演变。

1.2.1 重大节事影响下的城市形态

纵观历史上各类重大节事，在特定的历史时期都为城市自身的加速发展提供了重要契机。重大节事对城市形态所产生的深远影响，既包括经济效益、社会效益与城市形象等非物质层面，也包括节事设施的空间布局、城市土地利用、城市基础设施等物质层面。

从影响维度来看，重大节事对城市形态影响具有明显的时间规律和特征，新城和旧城的空间差异带来城市形态扩张或收敛的趋势；从影响要素来看，由于重大节事的设施建设需求，带来不同的空间布局模式，直接导致城市空间结构变化，并影响土地利用和城市基础设施；从影响层级来看，重大节事不仅对城市区段形态、城市结构形态产生影响，还促使周边城市的经济发展、交通设施等方面的联系更为紧密。

本书的研究对象之一是：重大节事影响下的城市形态，以物质层面的影响研究为主。

1.2.2 重大节事影响下的广州城市发展及形态演变

从城市发展与节事建设的关系来看，广州作为重大节事影响城市发展和形态演变的案例，是非常典型并具有代表性的。在广州现代城市结构演变过程中，广交会与全运会是两类主要的节事，分别起到了不同的作用和影响。广交会展馆位于广州旧城的海珠广场及流花湖地区，正是由于广交会的大量设施建设及其对城市经济、社会、政治等长期产生的重要影响，使海珠广场及流花湖地区的城市中心地位在建国之后不断得以突显和强化；20 世纪 80 年代末、90 年代之后，全运会的举办与城市新区建设结合，使广州城市空间结构得到必要的调整和发展，实现了广州现代城市结构形态突破性的演变过程。

从重大节事的基本概念和特征分析，对于广州城市而言，广交会、全运会和亚运会都符合重大节事的概念范畴。广交会 1957 年秋在广州举办首届，每年春秋季举办 2 届，至 2009 年共举办了 106 届，已有 50 多年的历史。广交会的参观人数规模自 1957 年已高达 100 多万人次[18]，其规模逐年不断地扩大；同时，广交会带来的经济效益也是相当客观的，2006 年第 99 届广交会的总成交额已超过 320 亿美元。可见，广交会对于广州城市经济地位的建立有不可磨灭的功劳，对于广州城市建设的发展带动作用，更是决定性的。广州曾两次举办全运会，分别是 1987 年的六运会和 2001 年的九运会。六运会的总投资为 5.5 亿，九运会的投资仅奥体中心就达 16.7 亿，城市建设总投资高达 420 亿，分别形成了天河新中心区和黄村奥体新城，对广州的城市发展方向有着关键性的引导作用，并且对城市基础设施建设有着快速的提升作用。此外，广州即将举办的 2010 年亚运会，更为城市整体结构的调整带来重要契机（表 1-2）。

本书的研究对象之二是：重大节事影响下的广州城市发展与城市形态演变。

广州的城市发展与重大节事 **表 1-2**

重大节事名称	举办年份	建 设 投 资	城 市 建 设
广交会	1957～2001 年	—	形成流花湖地段格局
	2001～2007 年	100 亿(琶洲会展中心总投资)	带动琶洲地区开发
六运会	1987 年	3.1 亿(体育中心)	建成天河核心区
九运会	2001 年	16.7 亿(奥体中心) 城市建设总投资约 420 亿	建成奥体新城以及大量的城市基础设施建设
亚运会	2010 年	预计 40 亿(场馆及亚运村) 城市建设总投资预计 1000 亿	城市整体空间结构形态调整

资料来源：作者根据体育志等资料整理编制。

1.3 研究意义

进入 21 世纪以后，重大节事的类别、规模、影响面等都有了较大的变化和发展，特别是在我国的举办次数增加、更多城市申办，使之与我国城市的发展越来越密切。除了 2008 年北京奥运会、2010 年广州亚运会、2010 年上海世博会等重大节事之外，我国最高等级的综合运动会——全运会，取消了由北京、上海、广州三地轮流举办的限制，第十届开始由新的城市，如南京、济南等举办，并规定获得两次举办权的城市需间隔 14 年，这意味着更多的城市有机会举办全运会（表 1-3）。此外，还有不少城市有机会举办国际级、国家级的专项运动会或专题博览会，例如深圳世界大学生运动会、武汉城市运动会、昆明世界园艺博览会、沈阳世界园艺博览会等等。因此，节事建设对城市的影响范围将逐步扩大。

另一方面，重大节事对于城市发展乃至周边地区的发展之影响力日益明显。这种影响力既有积极的一面，也有消极的一面。重大节事对城市的影响，尤其是对城市形态的影响，与城市发展阶段、节事周期的长短、政策引导有着重要关系，还与城市规划、城市设计的引导紧密相关。在城市快速发展过程中，理顺重大节事与城市发展的关系，有利于理性地把握城市发展的方向。

历届全运会举办城市和规模❶ **表 1-3**

届次	时　　间	举办城市	代表团数	运动员人数
第一届	1959 年 9 月 13 日～10 月 3 日	北京	29	10658
第二届	1965 年 9 月 11 日～9 月 28 日	北京	30	5922
第三届	1975 年 9 月 12 日～9 月 28 日	北京	31	12497
第四届	1979 年 9 月 15 日～9 月 30 日	北京	31	15189
第五届	1983 年 9 月 18 日～10 月 1 日	上海	31	8943
第六届	1987 年 11 月 20 日～12 月 5 日	广州	36	12400
第七届	1993 年 9 月 4 日～9 月 15 日	北京	45	4228
第八届	1997 年 10 月 12 日～10 月 24 日	上海	46	7647
第九届	2001 年 11 月 11 日～11 月 25 日	广州	45	8608
第十届	2005 年 10 月 12 日～10 月 23 日	南京	46	9986

资料来源：http：//www.jslib.org.cn

本课题的研究意义主要包括对理论体系的贡献以及在实践过程中的指导和借鉴意义。理论意义主要体现在：对形态演变维度、要素和层级的特征进行总结，建立分析和研究的框架体系。纵观大型体育赛事和大型博览会的学术研究体系，两者基本各自独立，研究的重点集中在经济评估、建筑设计等方面，而在城市规划、城市设计领域的研究相对薄弱。本书将两者纳入到“重大节事”的概念中，以“重大节事”为切入点，以城市规划和城市设计的学科理论为基础进行研究和分析，归纳和总结重大节事影响下的城市形态的共性特征。从理论上，该方法是完全可行的而且是有重要意义的。

对于重大节事与城市发展的关系，近年逐渐得到了较多学者的关注。已有大量案例研究结果表明，重大节事确实对城市发展及城市形态产生重要的影响，但其中的规律和经验仍有待深入研究和总结。其研究的实践意义主要体现在以下几方面：

（1）对宏观决策的指导意义。为宏观决策提供指引，建立重大节事与城市发展的良性互动关系，利用重大节事调整城市空间结构，促使城市的空间

❶ 1975 年起，全运会每 4 年一次，从第七届开始调整为奥运会后一年举行；1979 年后，全运会在全国轮流举行，获得 2 次举办权的城市，间隔时间为 14 年。

形态发展更加趋于合理。

(2) 对城市规划、城市设计的指导意义。为城市规划、城市设计提供指引，使重大节事融入城市可持续发展的观念能落实到具体的建设策略中。

(3) 对类似问题的借鉴意义。通过节事后评价和总结，积累经验和教训，为2008年北京奥运会、2010年广州亚运会、2010年上海世博会以及其他类似重大节事的举办和建设提供有益的参考。

1.4 研究综述

重大节事一般分为三类：政治（亚欧会议、欧洲高峰会议等）、经济（世博会、广交会等）、文化体育（国际文化旅游节、奥运会、亚运会等）。其中，大型体育赛事和大型博览会通常需要进行大量的场馆设施和服务设施建设，对城市形态的影响最为明显，与城市规划、城市设计的关系也最为密切。因此，大型体育赛事、大型博览会的理论研究，能为重大节事的理论研究提供必要的理论基础；重大节事的理论研究，则是对前者更为广泛和深入的共性研究。

1.4.1 关于大型体育赛事的理论研究

国外关于大型体育赛事的理论研究中，针对奥运会建设的研究是其中最为核心的部分。20世纪60年代以后，奥运会的规模迅速扩大，导致建设规模的急剧增加，奥林匹克建设已经具有城市整体建设的意义，但关于奥林匹克建设的相关研究基本局限在体育建筑的范畴之内。其中有三本重要的奥林匹克建设研究论著：1975年出版的《奥林匹克建筑》（Olympic Buildings，Martin Wimmer 著）、1979年出版的《奥林匹克首都的建筑》和1983年出版的《奥林匹克建筑》（Olympic Buildings，Barclay F·Gordon 著）。Martin Wimmer 将奥林匹克设施划分为三类，第三类为城市基础设施，虽已涉及城市建设的实质问题，但仅限于分类而未能深入下去；《奥林匹克首都的建筑》也注意到城市背景条件的重要性，但论述偏重于城市历史；Barclay F·Gordon 基本上仍以编年史的方法研究奥林匹克建筑，对于城市的关系论述不深。对于奥林匹克建设的研究，一直局限于建筑学的范畴。实际上，奥林匹克建设已经与社会学、经济学、管理学、城市规划、城市设计等多种学科紧密相关，其研究应当是一个多学科交叉的研究领域[19]。

国内关于大型体育赛事的研究分为基本独立的两类，宏观层面的研究较多针对大型体育赛事对城市经济、文化、旅游、城市形象等方面的影响，主要包括体育专业、工商管理专业、人文地理专业的学位论文和期刊论文，以及政府策划和可研报告等，例如：王心的《奥运经济与北京城市发展研究》(2005)、刘列的《2008年奥运会对北京市旅游的影响及对策研究》(2004)硕士论文等；微观层面的研究较多是关于场馆本身的规模、规划设计、建筑设计等问题的探讨，这类研究主要包括规划设计、建筑设计专业的学位论文、期刊论文和著作，例如：马国馨的《第三代体育场的开发和建设》(1995)、梅季魁的《现代体育馆建筑设计》(1999)、刘宏伟的《体育馆比赛厅灵活空间设计研究》(2002) 等。近年来，关于大型体育赛事的研究不断出现体育场馆的赛后利用、可持续发展等新的热点问题，例如：刘志鹏的《北京市海淀体育中心非赛时利用研究》(2003)，岳兵的《大型体育场的适应性设计研究》(2003) 等。另外，对于大型体育赛事与城市发展关系的研究，在我国城市规划、城市设计学科发展过程中也日益受到重视，例如：胡保哲的《第十二届亚运会体育设施建设与广岛市城市发展》(1995)、孙一民的《走向成熟的城市——九运与广州》(2003)、东南大学胡振宇的博士论文《现代城市体育设施建设与城市发展研究》(2006) 等，但更为系统和深入的理论研究还十分缺乏。

由于历史原因，我国和国际奥林匹克运动的联系曾一度中断，直到 20 世纪 80 年代才重新融入，因此我国对奥林匹克建设的研究一直相当薄弱。北京申办 1990 年第十一届亚运会的成功，引发了我国对这一领域相关研究的全面开展。1985 年，赵大壮的城市规划博士论文《北京奥林匹克建设规划研究》是当时颇具影响力的学术研究成果，他强调奥林匹克建设应当与城市发展紧密结合，并从城市规划的角度明确提出“分散与集中相结合、以分散为主”的建设模式[20]。论文中提出的一系列观点具有相当的前瞻性，并对北京城市建设有着重要的参考意义。当时我国举办全球性的重大节事才刚刚起步，论文以北京作为案例进行建设前的可行性研究和评估，在当时有着重要的指引作用，但由于缺少实践后的反馈与总结，使其研究不可避免地具有一定的局限性。

1.4.2 关于大型博览会的理论研究

自 1851 年英国伦敦举办第一届世博会以来，世博会因其发展迅速而享有“经济、科技、文化领域内的奥林匹克盛会”的美誉，已经有 150 年的举办历史。有关世界博览会的国外研究成果中最系统、详尽的当数日本学者吉田光邦编著的《图说万国博览会史 1851—1942》(1985) 与《万国博览会研究》(1986)。这两本著作以近现代建筑发展史为背景，研究了世界博览会举办 100 多年来在展馆建筑、会场规划方面的演进，其成果为后续研究提供了大量参考史料。波汉斯·彼德 (Paulhans Peters) 编著的《城市主义与建筑》(Urbanism and architecture) 以及阿尔伯特·施拜尔 (Albert Speer) 的《2000 年汉诺威世界博览会总体规划》(2000)，提出了世博会“动态规划”的主要指导思想及其实践应用，为当代城市规划与设计开辟了新视野。此外，相关的片断研究还可见诸于若干近现代建筑史丛书，如德国学者约迪克的《近代建筑史》、美国学者斯蒂芬·贝利与菲利普·加纳合著的《20 世纪风格与设计》，都以分析世博会的代表性建筑为主。

我国对于大型博览会的理论研究一直较为薄弱，直到昆明园艺博览会在我国举行，相关的学术研究才开始起步，主要针对主题公园建设、旅游开发等层面的问题，例如：郑海的《'99 世博会与云南旅游业大格局中的新支点》(1999)，马勇的《世博园旅游深度开发战略研究》(2001) 等。此外，以介绍和分析国外博览会举办经验为主的研究包括：许愈彦的《世界博览会150 年历程回顾》(2000)，概述了世界博览会的起源与进程，特别是 20 世纪 80 年代之后世博会会场规划设计的演变[21]；刘弘的《万国博览会与未来空间》(1995) 及《从机械空间到信息空间——有感于东京临海副都心及世界城市博览会会场设计》(1996)，探讨了世博会如何实质性推动建筑空间与城市空间的发展。这一时期的研究，以大型博览会的建筑设计和规划设计为主，博览会与城市形态的关系也开始得以关注。

2010 年上海世博会的申办成功，带动了城市规划、城市设计领域一系列的相关课题的研究，具有代表性的是唐子来主持的教育部高等学校博士学科点专项科研基金项目《世界博览会的国际比较和经验借鉴》和上海市科委的《世博会规划设计导则》研究课题，对于国内外的建设经验进行了大量的研究和总结。例如：唐子来对世界博览会的经典案例所作的系列研究(2004)，包括 1970 年大阪世博会、1998 年里斯本世博会、1992 年塞维利亚世博会、2000 年汉诺威世博会等。这一时期，世博会与城市发展的重要关系已经得到普遍关注，例如：周振宇的建筑学硕士学位论文《EXPO——世界博览会与现代建筑与城市的互动发展及上海 2010 世界博览会研究》(2002)，着重对世博会、建筑与城市三者的关系进行研讨[22]；孙施文的《世界博览会作为城市空间的解读》(2004) 着重探讨了世博会规划中功能、场址分析和城市公共空间等主要问题，提出世博会应当成为多元化的城市公共空间体系建构的关键性内容[23]；吴志强的《世博会选址与城市空间发展》(2005) 通过分析历届世博会在城市中的选址位置、与自然景观要素的关系以及多次举办世博会城市的选址变迁，总结世博会选址对于城市发展的影响[24]。可见，上海世博会带动的相关课题研究使世博会与城市发展之间的关系越来越受到重视。

相比之下，对于已有 50 多年举办历史的广交会，其相关研究和总结则十分缺乏。广交会的发展与广州城市发展一脉相承，无论在城市经济、城市建设、城市形象等多方面都有着举足轻重的地位。然而，以“广交会”或“中国出口商品交易会”为关键词，在全文数据库网站进行搜索（以 2007 年为止），从城市建设、城市规划、城市形态进行研究的期刊文章数量几乎为零，硕博论文数量为零。可见，将广交会纳入重大节事的概念，对广交会与广州城市关系进行系统研究是非常迫切和必要的。

1.4.3 关于重大节事的理论研究

国外对各类节事进行的研究最早是在 1961 年美国布尔斯廷出版的《美国伪事件指引》(Image: A Guide to Pseudo-Events in America) 一书。从那一时期至今，越来越多的专业从更为广泛的角度进行的相关研究，主要集中在传播媒介 (Communication & Media)、大众文化 (Mass Culture)、公共关系 (Public Relation)、休闲旅游 (Recreation & Tourism) 和市场营销 (Event Marketing) 等五个学科领域[25]。例如：学者罗奇 (Roche) 的专著《重大节事与现代性：全球文化中的奥林匹克与世博会》(Mega-events and Modernity: Olympics and expos in the growth of global culture) (2000)，主要从社会学的角度，以奥运会和世博会这两类影响最大的重大节事为例，以不断发展的全球文化为背景，广泛而深入地研究了重大节事与现代性的关系[26]；尤斯·索罗 (Oayos-Sola, E.) 的《重大节事的影响》(The Impact of Mega Events) (1998)，重点研究重大节事对城市文化、旅游等方面的影响。

此外，近年来重大节事与城市更新、城市发展的关系也成为国外学术期刊和学术会议论文中的热点问题，例如：韩国城市规划教授 Hong-Bin Kang 的《作为城市更新的重大节事——以汉城的发展为例》(Mega Events as Urban Transformer—The Experience of Seoul) (2004)，主要研究 1988 年汉城 (首尔) 奥运会和 2002 年韩日世界杯足球赛对汉城 (首尔) 城市建设和城市更新产生的影响[27]；2001 年 5 月曼彻斯特曾举办以“向重大体育赛事学习”(Major sport events-learning from experience) 为主题的学术研讨会，罗奇 (Roche) 以《重大节事，奥运会和 1991 年世界大学生运动会——重大体育赛事的影响和信息需求》(Mega-events, Olympic Games and the World Student Games 1991-Understanding the Impacts and Information Needs of Major Sports Events) (2001) 作为主题报告，以个案比较分析为主，研究重大节事对城市发展产生的多方面影响[28]；意大利学者轮佐·勒卡尔丹 (Renzo Lecardane) 的《重大节事作为都市发展的新战略工具——从世博会对城市与社会的影响谈起》(Great Event, a New Strategic Instrument for Urban Development: On the Impact of World EXPO on City and Society) (2003)，提出“节事”正成为当今城市发展战略的重要手段，并以欧洲世博会为例分析节事对城市建设的影响[29]。

国内对“重大节事”的相关理论研究尚处于起步阶段，但已引起学术界相当的关注，其研究主要集中在人文地理专业和旅游专业，包括：中山大学人文地理学博士戴光全的学位论文《重大事件的影响研究——以’99 昆明世界园艺博览会为例》(2004)、保继刚的《西方事件及事件旅游研究的概念、内容、方法与启发》(2003)、罗秋菊的《世界大型事件活动对旅游业的影响及对中国的启示——以历届奥运会和韩国世界杯为例》(2003）等。

2004年以后，国内对重大节事的学术关注逐渐广泛，以此为主题的文章出现于各类期刊，分别涉及城市建设、城市形象、城市发展、环境建设等多个角度，包括：扶国、张楠的《重大节事对城市建设的影响》(2005)、刘源的《节事与城市形象》(2006)、郑曦的《以城市事件为推动力的城市发展与环境景观建设》(2006）等。城市规划、城市设计领域的研究也对此课题给予了相当的关注，具有代表性的是“亚运广州——2005广州城市设计论坛”，以“城市重大节事与城市形象设计”为主题，以2010年亚运会的举办与广州城市发展为主线进行学术交流；另外，《规划师》2006年第7期的“规划师论坛”中，以“重大节事与城市发展”为主题进行学术探讨，并对上海世博会与上海城市发展关系提出了多角度的思考；同济大学郭欣的硕士学位论文以《大事件影响下的城市更新——以半淞园、董家渡街道社区为例》(2006）为题，主要选取与上海世博会规划范围直接相邻的半淞园、董家渡社区作为研究对象进行分析，提出大事件作为城市更新的触媒，对城市的物质更新、经济发展、产业更新以及社会更新与进步有着显著的推动作用[30]；同济大学崔宁的博士论文《重大城市事件对城市空间结构的影响——以上海世博会为例》(2007)，主要以上海世博会为例，研究政府行为对于城市空间结构影响的机制和过程，在众多政府行为之中抽取与空间结构最密切相关的场地选址拆迁、配套交通建设等主要方面，建立世博会与城市空间结构的理论联系[31]。然而，重大节事与城市发展的关系仍缺乏更为系统和整体的理论研究，尤其对于重大节事与城市形态的关系还有待更为深入的探讨。

总的来说，20世纪80年代至今，关于大型体育赛事和大型博览会的研究，都有着相对较为独立的、多角度的研究领域，但对于两者之间的共性，特别是作为重大节事对城市发展、城市形态演变所产生的共同影响，缺乏足够的研究和总结。从理论研究和实践总结的角度来看，重大节事与城市的关系研究主要存在以下几方面不足：

(1）对于重大节事与城市空间形态之间的关系、重大节事与城市规划、城市设计的关系，缺乏系统的理论归纳和研究。现有的理论研究主要集中在节事旅游、社会经济等层面，而节事建设与城市形态的深层关系亟待研究。

(2）重大节事的相关建设对城市发展的影响缺乏长期关注和后续研究。虽然重大节事的举办往往具有普遍社会关注度，但关注时段和关注角度仍有局限，并且缺乏系统的节事后评价和实践总结。

(3）广州城市形态的演变过程与广交会、全运会的举办关系极为密切，但系统的总结和研究相当缺乏，其中的经验和教训亟待总结，为今后的发展建设提供参照。

1.5 研究目标、框架与方法

1.5.1 研究目标

基于以上存在的不足，本书从重大节事的角度为切入点研究城市形态，并在研究大量案例的基础上归纳和总结重大节事影响下的城市形态演进的特征和规律，是对现有城市形态理论研究的必要补充，也是对今后城市发展的指引和借鉴。本书的研究目标具体有以下几点：

（1）分析和总结重大节事影响下的城市形态演变特征，解释形成的原因，分析形态要素具体产生的变化，总结其共性和规律。

（2）通过文献收集和实地调研，获取大量的实证材料，以举办过重大节事的城市、尤其有多次举办经历的城市为研究对象，分析重大节事影响下的城市发展和形态演变，并总结规划建设的经验与教训。

（3）在理论研究和实证研究的基础上，以广州城市为研究对象，分析新中国建立后广州城市发展和形态演变与重大节事之间的关系，总结特征规律，分析后续发展中存在的问题，并进一步提出节事建设的策略与原则。

1.5.2 研究框架

本书的研究主要探求重大节事的建设与城市发展的关系，通过实证案例归纳特征和规律、总结经验和教训，并针对广州城市进行具体深入的分析与总结，为类似的节事提供建设策略指引。与此相对应，本书共分以下三部分（图 1-2）：

第一部分，重大节事影响下的城市整体发展与建设。主要内容包括：（1）概述重大节事作为城市经营的手段和城市建设的触媒，对城市整体发展产生的两方面影响，经济、社会等非物质层面和节事设施的空间布局、城市土地利用、城市基础设施等物质层面；这两方面相互作用和促进，本书论述的重点在于物质层面的影响；（2）从历史发展历程来看，重大节事与城市建设的关系发展大致经历了“以节事举办为主导”和“以城市发展为主导”的两个时期，以及起步阶段、发展阶段、融入整体建设阶段和融入可持续发展建设阶段的四个阶段，即重大节事从单体建筑、群体建筑的建设逐步发展到地区的更新改造，与城市整体发展关系日益紧密，已经成为城市发展战略中不可忽视的重要部分。

第二部分，重大节事影响下的城市形态演变特征，这一部分用实证研究的方法进行比较、分析和归纳、总结，并建构其理论研究框架。主要内容包括：（1）归纳重大节事影响下的城市形态演变的特征和规律，从时间维度和空间维度的角度进行分析；（2）剖析重大节事影响的城市形态演变要素，归纳节事设施空间布局、城市土地利用以及城市基础设施的变化特征；（3）对重大节事影响下的城市形态演变的三个层级进行分析，总结宏观层面的区域结构形态、中观层面的城市结构形态和微观层面的城市区段形态的演变特征。

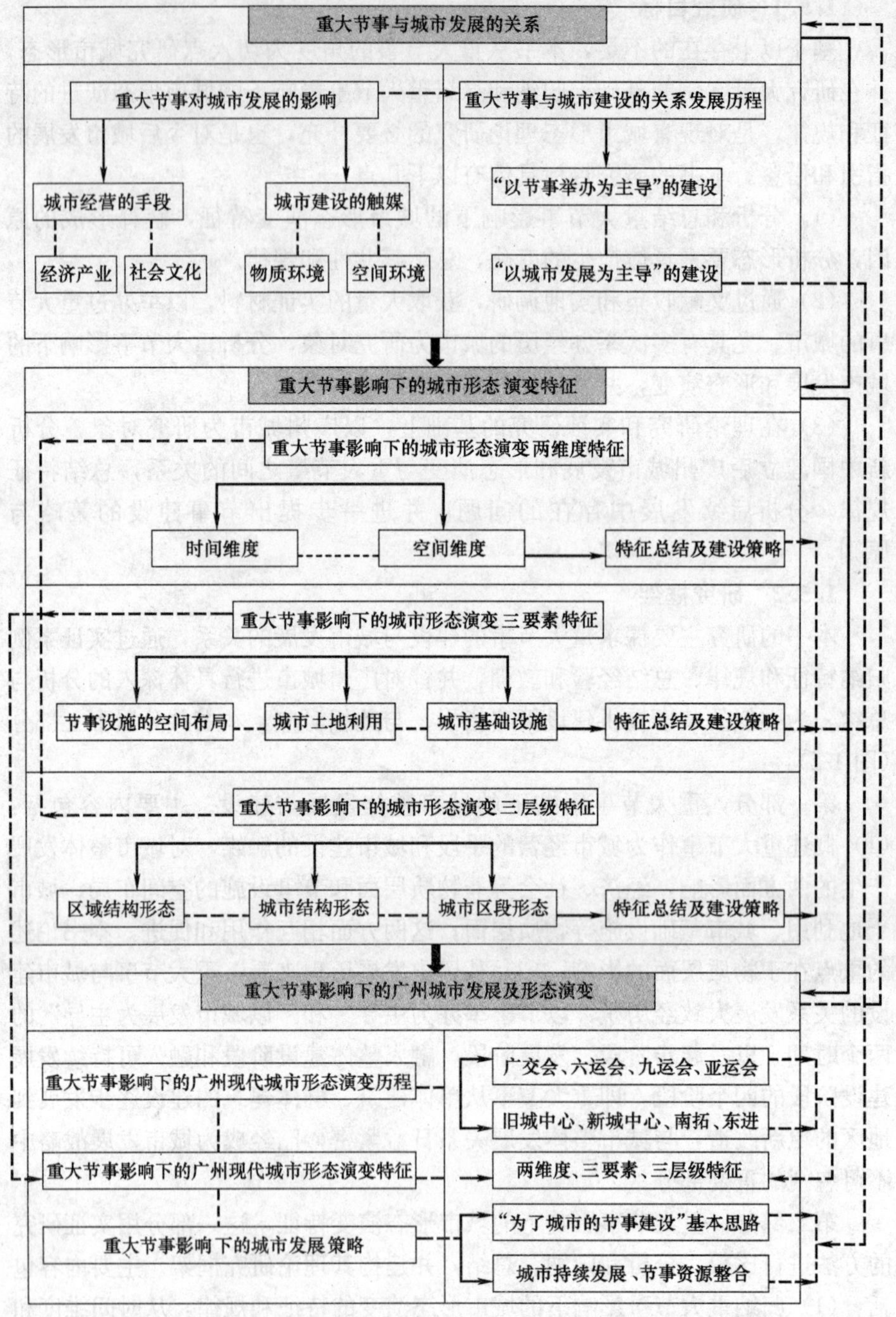

图 1-2 研究框架

第三部分，重大节事影响下的广州城市发展及形态演变。以广州城市作为研究对象，分析广交会、全运会等重大节事对建国后50年的城市发展所产生的重要影响，并以第二部分的理论研究框架为基础，对广州城市形态演变特征进行归纳。主要内容包括：(1) 概述广州建国后的城市发展过程，分析广交会、六运会对旧城中心和新城中心的形成所产生的重要意义，并归纳两者所体现出自下而上和自上而下的发展过程及特点；概述2000年之后新广交会与九运会对广州城市南拓、东进的决定性影响，并分析亚运会的规划和建设对新一轮的城市整体结构调整的关键性作用；(2) 以“两维度、三要素、三层级”的框架为基础，具体分析重大节事影响下的广州城市形态演变规律和特征，并分析其中的原因以及存在的问题；(3) 在结论部分，总结理论研究，归纳重大节事影响下的城市形态演变特征；总结实践研究，提出重大节事影响下的城市建设策略；并提出有待进一步研究的问题。

1.5.3 研究方法

本书的研究是多种方法并存的，其中包括：跨学科研究（经济学、社会学、管理学、旅游学等多学科的结合）；形态学的分析方法；理论分析与实证考察结合；对实际案例的分析、比较和总结其中的规律。

(1) 跨学科研究——结合经济学、社会学、管理学的研究成果，从更广泛的角度理解重大节事对城市发展发生作用的原因。

(2) 形态学的方法——在城市发展历程中认识重大节事所产生的影响，通过形态学的方法分析重大节事与城市物质空间环境之间的关系。

(3) 实证分析的方法——以实地调研和文献整理为基础进行逻辑分析，从城市的发展过程中，总结客观规律和实际问题。

(4) 比较的方法——通过国内外城市案例的比较，把握重大节事影响下的城市形态特征，提出更为有效的建设策略。

本研究将利用城市航测资料、城市建设档案资料、城市规划资料、可研报告等作为实证分析的主要技术资料，以实地调研取证和历史文献资料分析为主要方法进行研究和分析。分析的重点在于：将城市的发展策略和节事的建设策略进行横向和纵向的对比，客观分析重大节事对城市形态产生的积极和消极影响，探讨重大节事在城市发展的动态过程中应当担当的角色。实证案例主要包括历届奥运会、亚运会、世博会的举办城市，其中深度分析案例以广州为主。

本章小结

在国内文献中，基于研究领域和研究对象的差异，对“重大节事”与“重大事件”的定义有多种理解和界定。城市规划、城市设计领域的研究中，更倾向于以“节事”来界定城市中举办的重要活动，以区别突发事件。基于中文语言的理解和研究领域的特指，本书采用“重大节事”这一译法对应英文“mega-event”，其概念为：对主办城市、地区和国家有着重大影响的，经过策划、短期举办的政治、经济、文化体育活动。重大节事具有典型的特征，并符合一定的标准，重大节事具有城市触媒的许多特性。

本书主要的研究范畴是城市中举办的大型的，能够影响城市经济、社会、文化等多方面发展的，同时与城市规划和城市空间变化密切相关的活动。对重大节事的案例研究，尤其对我国城市的案例分析，并不严格拘泥于世界级别的节事范畴，也包括许多对城市发展影响深远的国家级和城市级节事。例如对于广州城市的研究部分，重大节事的范畴不仅包括亚运会、广交会，还包括全运会。

重大节事与城市的关系研究主要存在以下几方面不足：(1) 对于重大节事与城市空间形态之间的关系，重大节事与城市规划、城市设计的关系，缺乏系统的理论归纳和研究。(2) 重大节事的相关建设对城市发展的影响缺乏长期关注和后续研究。虽然重大节事的举办往往具有普遍社会关注度，但关注时段和关注角度仍有局限，并且缺乏系统的节事后评价和实践总结。(3) 作为典型案例，广州城市形态的演变过程与广交会、全运会的举办关系极为密切，但系统的总结和研究相当缺乏。因此，本书以“重大节事”为切入点，以城市规划和城市设计的学科理论为基础进行研究和分析，归纳和总结其中的共性和规律。其研究意义主要包括对理论体系的贡献以及在实践过程中的指导和借鉴意义。理论意义主要体现在：对形态演变维度、要素和层级的特征进行总结，建立分析和研究的框架体系。实践意义主要体现在：对宏观决策的指导意义；对规划设计、城市设计的指导意义；对类似问题的借鉴意义。

从广义的角度来看，城市形态是城市物质形态和非物质形态双方面特征和过程的综合表现。本书的研究对象之一是：重大节事影响下的城市物质形态，即从广义的城市形态认识基础上充分了解重大节事对城市形态的影响，从城市规划的角度，以重大节事为切入点研究城市形态，建构本书的理论研究框架。从重大节事的基本概念和特征分析，对于广州城市而言，广交会、全运会和亚运会都符合重大节事的概念范畴。本书的研究对象之二是：重大节事影响下的广州城市发展与城市形态演变，分析和总结其形态特征，解释形成的原因，分析形态要素具体产生的变化，总结其共性和规律，以此建构本书的实践研究框架。

参考文献

[1] Getz, D. Event Management & Event Tourism [R]. New York: Cognizant Communication Corporation, 1997: 4.

[2] Getz, D. Event; Management; Event Marketing [A]. Jafari J. Encyclopedia of Tourism [C]. New York: Routleledge, 2000a: 209-212.

[3] 同 [1]: 6.

[4] 王建国. 城市节事、城市设计与城市发展 [R]. 广州城市设计论坛, 2005.

[5] 彭涛. 大型节事对城市发展的影响 [J]. 规划师, 2006, 7: 5.

[6] 戴光全. 重大事件的影响研究——以'99 昆明世界园艺博览会为例 [D]. 广州: 中山大学博士论文, 2004: 18.

[7] 同 [5]: 5.

[8] 同 [4]

[9] 辞海编辑委员会编. 辞海 [M]. 上海: 上海辞书出版社, 1999.

[10] Metropolis Commission. The Impact of Major Events on the Development of Large Cities [R], 2002.

[11] 韦恩·奥图, 唐·洛干. 美国都市建筑 [M]. 王劭方译. 台北: 创兴出版社, 1995.

[12] 阎亚宁. 中国地方城市形态研究的新思维 [J]. 重庆建筑大学学报 (社会科学版), 2001, 2: 63.

[13] 郑莘, 林琳. 1990 年以来国内城市形态研究评述 [J]. 城市规划. 2002, 7: 59.

[14] 中国大百科全书编辑委员会编. 中国大百科全书——建筑·园林·城市规划 [M]. 北京: 中国大百科全书出版社, 1988: 43-45.

[15] 武进. 中国城市形态: 类型、特征及其演变规律的研究 [D]. 南京: 南京大学博士论文, 1988: 1~2.

[16] 周玉明. 城市形态的认知 [J]. 苏州大学学报 (工科版), 2006, 10: 28-29.

[17] 周霞. 广州城市形态演进 [M]. 北京: 中国建筑工业出版社, 2005: 3.

[18] 广州市志 (卷七) [M]. 中国出口商品交易会志. 广州: 广州出版社. 2000: 353.

[19] 赵大壮. 北京奥林匹克建设规划研究 [D]. 北京: 清华大学博士论文, 1985.

[20] 同 [19]

[21] 许愈彦. 世界博览会 150 年历程回顾 [J]. 世界建筑, 2000, 11: 19-21.

[22] 周振宇. EXPO——世界博览会与现代建筑与城市的互动发展及上海 2010 世界博览会研究 [D]. 武汉: 华中科技大学硕士论文, 2002.

[23] 孙施文. 世界博览会作为城市空间的解读 [J]. 城市规划汇刊, 2004, 5: 20-24.

[24] 吴志强, 干靓. 世博会选址与城市空间发展 [J]. 城市规划学刊, 2005, 4: 10-15.

[25] 同 [1]: 22-40.

[26] Roche M. Mega-events and Modernity: Olympics and Expos in the growth of global culture [M]. London: Routledge, 2000: 276-277.

[27] Hong-Bin Kang. Mega Events as Urban Transformer—The Experience of Seoul

[R]. 2004, 9: 1-15.

[28] Roche M.. Mega-events, Olympic Games and the World Student Games 1991: Understanding the Impacts and Information Needs of Major Sports Events [R]. SPRIG Conference, UMIST Manchester: Major sport events-learning from experience, 1st May 2001.

[29] Renzo Lecardane. Great Event, a New Strategic Instrument for Urban Development: On the Impact of World EXPO on City and Society [A]. 卓健 译. 时代建筑, 2003, 4: 28-33.

[30] 郭欣. 大事件影响下的城市更新——以半淞园、董家渡街道社区为例 [D]. 上海: 同济大学硕士论文, 2006.

[31] 崔宁. 重大城市事件对城市空间结构的影响——以上海世博会为例 [D]. 上海: 同济大学博士论文, 2007.

第 2 章　重大节事对城市发展的影响

重大节事对城市的影响是多方面的，其“重大性”体现为对城市各方面的深远影响，包括经济、政治、文化、教育、交通、城市形象等等。

重大节事与城市整体发展的关系大致可以归纳为两个方面：一方面，重大节事与城市的经济效益、社会效益等非物质层面之间的关系；另一方面，重大节事与节事设施的空间布局、城市空间结构、城市基础设施等物质层面之间的关系。本书研究的重点，是重大节事影响下的城市物质层面的演变特征。当然，它与城市的非物质层面是不可分割的整体，在探讨物质层面的同时，非物质层面所体现的特征也是研究的基础与重要依据。

2.1　城市经营的手段

重大节事对城市经济、社会、文化等方面的促进，使重大节事日益成为城市经营、提升城市竞争力的重要手段。重大节事与城市经济效益的关系，直接表现为相关产业的带动；而重大节事与社会效益的关系，则表现为城市的总体综合形象。

2.1.1　经济效益与产业发展

一、城市总体经济

重大节事对城市总体经济的影响极大。当然，其影响具有双重性，既有正面的作用，也存在负面的影响，而且不同城市表现出不同的特征。

举办重大节事，对城市总体经济的积极作用通常不仅体现为直接的经济效益，更重要的是其带来的附加效益。国际会展业的经验表明，展览会收入与其带来的相关产业产值一般为 1∶10。第 99 届广交会的总成交额高达 320 亿美元，其“溢出效应”[1] 可想而知。据有关部门问卷调查显示，广交会期间，每位客商在住宿、餐饮、市内交通、通信、公关等各项基本支出平均为 2591 美元。以第 99 届到会客商 19 万人计算，一年两届广交会客商消费总额高达 9.8 亿美元；另外，国内各参展商单位代表的消费，以 87 届的统计数据计算，其人均消费达到 9000 元人民币，而第 99 届参展商代表超过 20

---

[1] “溢出效应”一词来源于西方经济学，指一国总需求与国民收入增加对别国的影响。反过来，别国由于“溢出效应”所引起的国民收入增加，又会通过进口的增加使最初引起“溢出效应”的国家的国民收入再增加，这种影响则被称为“回波效应”。本书的“溢出效益”是指广交会规模的不断扩大，对其相关产业所产生的连锁附加效应。

万人，这样国内参展商代表消费总额达36亿元。两者之和，即为每年广交会为广州带来的收入，至少为117亿元[1]。

举办重大节事，对城市总体经济带来负面影响的也不乏其例。1984年新奥尔良世博会组织者因财务危机而在博览会结束前一个月宣布破产，这是世博会历史上惟一一次宣布破产的世博会。此后美国变得小心翼翼，再也没有申办过世博会。同样的例子还有1976年加拿大的蒙特利尔举办的第21届奥运会。虽然新建的体育设施非常完善，造型漂亮、令人印象深刻，但经济萧条、经营不善以及建筑的特殊造型导致的投资成倍增加，造成了巨大的财政亏空和经济损失。主办奥运会给蒙特利尔带来的不是经济的腾飞，也不是发展的契机，而是沉重的包袱。

对于重大节事带来的节事后经济滑坡现象，著名的经济学家厉以宁分析主要有三个原因：第一，节事本身是一种资源，利用这种资源可以创造财富。但“正如一个资源型城市在资源枯竭后面临的困境一样，如果没有后续产业的支撑是难以摆脱困境的”。第二，节事之前形成了投资热潮，这种高潮在节事结束后回落是正常的。关键在于“国内是否出现新的投资热点，而且这种新投资热点足以带动经济增长，否则投资回落而引起萧条可能是持久的”。第三，节事结束前的相当一段时间内，就业是增加的。节事结束后，除了一部分就业者会继续留下工作，其余大部分人将重新寻找工作，增大了就业压力[2]。

由此可见，关注重大节事之后城市经济发展的持续动力，避免由于重大节事的短期性而导致的城市经济急速增长和滑落，是利用重大节事进行城市经营的关键。

二、时间规律和特征

重大节事对城市经济效益的影响，有着明显的时间规律和特征。以奥运会为例。现代奥运会对主办城市经济影响具有两个最基本的规律：(1) 奥运会投资能够给主办城市带来长期的经济影响，影响的时限约为十二年左右；(2) 奥运会投资的“乘数效应”❶ 后劲很足，具有明显的后发性特征[3]。奥运会带动的投资最高点在举办奥运会的前一两年，而在奥运会之后一年内基本结束，由投资引发的乘数效应最高点在举办奥运会的当年并能延续五年左右。

1992年巴塞罗那奥运会对主办城市注入的投资及乘数效应数据显示：1992年巴塞罗那奥运会的投资在1987年开始启动，投资的最高点在1991年，然而奥运会投资引发的乘数效应最高点在1992年。在1993年，与奥运会相关的直接投资和间接投资基本结束，但前几年注入的奥运会投资引发的乘数效应，在奥运会结束的4～5年仍发挥作用（图2-1）。2000年悉尼奥运会的投资与乘数效应也显现出类似的时间特征和规律[4]（图2-2）。

---

❶ “乘数效应”一词来源于西方经济学，指由于投资的增加使收入和就业范围扩大，进而使投资效益增量成倍数增长。

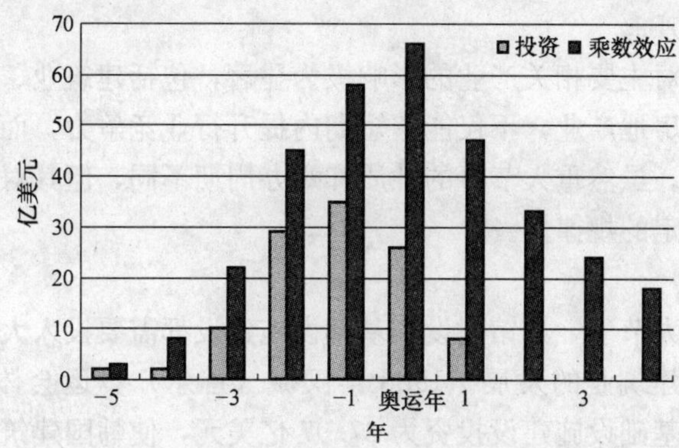

图 2-1　1992 年巴塞罗那奥运投资与乘数效应的比较

资料来源：林显鹏，虞重干．现代奥运会对主办城市经济发展的影响及其规律研究［J］．上海体育学院学报，2006（2）：3.

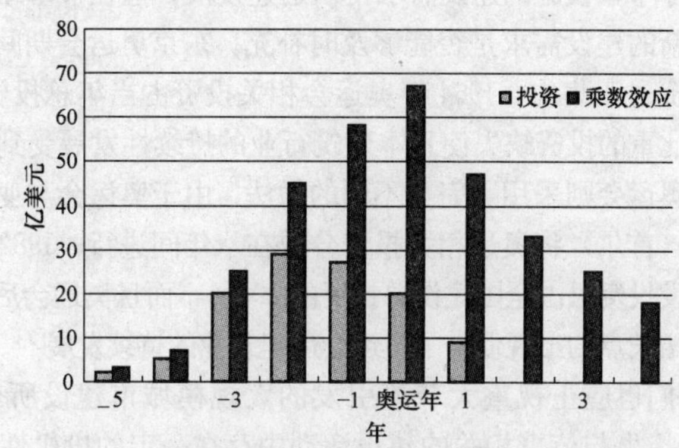

图 2-2　2000 年悉尼奥运投资与乘数效应的比较

资料来源：林显鹏，虞重干．现代奥运会对主办城市经济发展的影响及其规律研究［J］．上海体育学院学报，2006，2：4.

世博会的成功举办同样能够促进经济的发展，其投资的乘数效应在举办后 5～10 年仍能延续，甚至得到进一步加强。以 1985 年日本筑波举办的世博会为例。筑波世博会对日本 GDP 的贡献量为 6670 亿日元，占当年日本 GDP 的 0.2%，所产生的显著“乘数效应”不仅促进了地区的经济发展，而且在世博会结束后的十年间带动了日本全国范围的经济增长[5]（表 2-1）。

1985 年筑波世博会对日本经济发展产生的乘数效应　　表 2-1

地　域	1980～1987 年期间乘数效应	1988～1995 年期间乘数效应
茨城县	0.7	0.8
日本除茨城县以外的地区	1.8	3.5

资料来源：克劳德·塞尔旺，竹田一平著．国际级博览会影响研究［M］．魏家雨等译．上海：上海科学技术文献出版社，2003：88.

三、相关产业

重大节事对主要相关产业的影响极为显著，包括建筑业、酒店业、旅游业、会展业、房地产业，不仅能够短期内提升行业竞争力，而且能够提供大量的就业机会。虽然重大节事的性质和举办周期不同，但其对主要相关产业的影响具有一定的规律性。

1. 建筑业

为举办重大节事，场馆建设和基础设施建设都需要投入大量的资金，这将极大地促进建筑业的发展。1988 年汉城（首尔）奥运会体育场馆建设，奥运村建设及基础设施建设投资为 27.97 亿美元，使韩国建筑业的产值提高了 32.4%，收入增加了 34.8%，就业人数增加了 26.8%。1992 年巴塞罗那奥运会相关建设投资占总支出的 85.5%，使巴塞罗那建筑业就业人口在 1985～1992 年间增加了 72%[6]。

建筑业由于节事设施的建设需求得以迅速发展，但在节事结束之后，其发展状况取决于新的建设需求是否能够及时补充。东京奥运会期间，日本政府在建筑方面的投资过于集中，1964 年奥运会相关投资占当年总投资额的 19.1%，奥运会之后大比重的投资缺失使日本建筑行业的持续性发展受到影响。1988 年汉城（首尔）奥运会则采用了完全不同的做法，由于奥运会与亚运会建设衔接了起来，汉城（首尔）将奥运相关投资分散在八年间进行，1982～1988 年与奥运会相关的建设投资只占全国建设总投资的 1.4%，而且奥运会后韩国致力于发展西海岸，新增长点的出现促进了奥运会后建筑业的持续发展[7]。

此外，我们也应正视重大节事引发的大规模城市建设所带来的负面影响。有学者曾指出与节事相关的建设活动中存在一定的投机性，节事的特殊性和准备时限常被政府、开发商用来作为建设项目的保护伞，以通过比以往严格的审核程序，包括环境评价、公众评价等，由此将产生不良后果[8]。大规模的城市建设还存在“厚此薄彼”的现象，有学者对此曾提出批评：只重视与节事相关的建设活动的投入，其他公众项目则被延迟或搁置；对某个特定地区的投入，导致城市设施水平的空间差异加大。另外，对城市传统景观的破坏、大规模拆建的环境成本等问题都给城市带来不利影响[9]。

2. 酒店业

重大节事吸引的众多外来观众，给酒店业的发展提出需求。巴塞罗那举办奥运会期间，酒店的数量和出租率均大幅提高，酒店房间供应量几乎上升了 50%，亚特兰大、汉城（首尔）和悉尼则提高了 35%。同样，世博会、广交会对酒店业的整体经济效益提升明显。以 2002 年广交会为例[10]，在表 2-2 中以广州市星级宾馆的开房率、日均接待人数、平均房价、日均营业收入 4 个指标分别与广交会期的对应指标进行比较，结果显示：广交会使星级饭店的经济效益大大提升，广州市酒店业整体受益。春、秋交易会期开房率平均达到 74.08%，比全年平均增长了 18.21%；星级酒店在广交会期平均每天接待近 4 万人次，比全年日均 2 万人次增长了 1 倍；平均房价也比全年平均增长了 109.43%，达到 650 元/天，它是 4 个指标中增长最高的；春、秋交易会期日均营业收入为 2634.82 万元，比全年日均营业收入上升了 78.36%。由此可以看出，广交会期所有星级宾馆的开房率、日均接待人数、平均房价和日均营业收入都明显高于全年平均。除开房率外，其余 3 项指标交易会期是年均的 1.78～2 倍多，涨幅非常显著。

广交会期星级酒店主要指标比较（2002 年） **表 2-2**

项目	单位	春交会	秋交会	广交会期平均	全年平均	广交会期同比全年增长
入住率	%	69.07	79.08	74.08	62.67	18.21%
日均接待人数	万人次/天	4.34	3.63	3.99	1.98	101.52%
日均房价	元	617.69	682.30	650.00	310.36	109.43%
日均营业收入	万元/天	2710.99	2558.64	2634.82	1477.23	78.36%

资料来源：罗秋菊，李晓莉．会展与酒店效益及配置关系研究［J］．旅游科学，2002，4：69.

重大节事为酒店业吸引的客源主要来自两方面：以参加重大节事为主要目的，和以参观旅游为主要目的。前者有一定的时间周期，而后者则可能延续更长的时间。城市发展过程中，应当更关注节事后城市的旅游业发展，以及类似节事的举办，则可更为有效地推动酒店业的发展。

3. 旅游业

无论奥运会还是世博会的举办，都能够在短期内极大地提升城市旅游业收入。从 1984～2000 年的五届奥运会数据分析，吸引的游客数量基本呈上升趋势（图 2-3）：洛杉矶通过奥运旅游获得 4.4 亿美元的收入，汉城（首尔）、亚特兰大和悉尼分别获得 3.4 亿美元、13 亿美元和 42.9 亿美元的收入[11]。世博会的案例也显示出同样的促进作用。1992 年，塞维利亚世博会吸引了 108 个国家 4200 万人次的参观者，高峰日流量达 50 万人次之多；1998 年，里斯本世博会吸引了近 1200 万人参观，使葡萄牙当年旅游收入与 1997 年相比增长了 13%[12]。

但是，重大节事对旅游业的影响也并非都是正面的。与大部分关于重大节事对旅游业影响的研究结果不同，学者康（Kang）和皮杜（Perdue）通过对汉城奥运会后长期的观察，发现重大节事对当地的旅游业并没有产生实质性的长期影响[13]。因此，增强城市旅游业的持续吸引力，是重大节事举办中需要重视的问题。此外，重大节事举办期间，由于价格、心理预期、主办地重视程度等原因，导致节事举办对非参与国的入境旅游者具有一定的“挤出”效应。尤其以观光娱乐为目的的旅游者，对价格的敏感性、时间的相对随意性都导致其容易成为被挤出的群体。虽然，就绝对量来看，这种

"挤出"的绝对数量并不是很大，但它是大型赛事举办地不应该忽视的负面影响之一[14]（表 2-3）。如果由于诸多原因并未吸引大量的参与国游客入境，则将出现参与国和非参与国旅游人数双双下降的趋势。

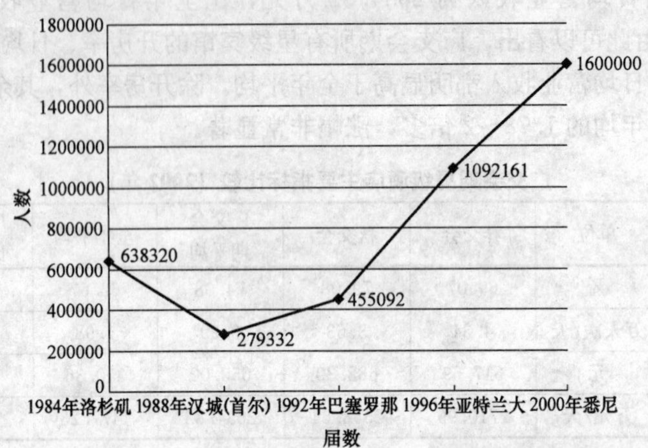

图 2-3 1984～2000 年历届奥运会境外游客数量

资料来源：林显鹏，虞重干．现代奥运会对主办城市经济发展的影响及其规律研究［J］．上海体育学院学报，2006（2）：4.

日韩世界杯参赛国和非参赛国的旅游人数比较 **表 2-3**

	2001 年 6 月(比重)	2002 年 6 月(比重)	人数增加	增长率(%)
参赛 20 国	338005(73.43%)	286048(70.89%)	−51957	−15.4
非参赛国家	122325(26.57%)	117418(29.01%)	−4907	−4.0
总计	460330	403466	−56864	−12.4

资料来源：马聪玲．大型赛事对旅游目的地影响研究——以韩国世界杯为例［DB/OL］．2002～2004 年中国旅游发展：分析与预测．天津商业大学图书馆．http://202.113.82.2/.

4. 房地产业

重大节事对房地产业的促进作用主要表现为两方面：一是重大节事能够拉动主办城市房地产价格和短期出租需求的上涨；二是重大节事促进主办城市提升城市更新水平，形成新的房地产热点区域。例如：广交会效应对琶洲周边的楼市板块，如海珠东部、天河区珠江新城、番禺华南板块具有辐射带动作用，并直接促进附近酒店和写字楼的大量兴建，显现了广交会对房地产业的巨大影响力。再如 1988～1991 年巴塞罗那奥运村周边地区的住宅开发量增加了 23%，使这一地区在城市更新的过程中快速发展为环境优美的城市社区，形成城市经济新的增长点。

虽然，房地产短期的快速上涨，能够刺激经济的加速发展，但同时也容易导致巨大的经济泡沫。汉城（首尔）利用奥运会举办的契机，依托奥运村，发展形成了全新的汉城（首尔）新区，但汉城（首尔）新区的开发热潮造成了房地产泡沫。奥运会前后，汉城（首尔）的房地产出现了不理性的盲目投资，导致韩国政府不得不在1990年开始实施抑制房地产投资的政策，造成了韩国房地产业的行业低谷期。

可见，重大节事对相关产业的影响力应当客观地进行分析，节事前对产业发展的推动和节事后产业的持续发展，都应当给予足够的关注，否则将失去原有的平衡发展状态，出现经济振动和泡沫现象，对长远的整体经济发展将造成负面影响。

2.1.2 社会效益与城市形象

一、社会文化与结构

作为具有多个层面内容的人文事件，重大节事无疑对城市具有重要的社会文化价值。重大节事的对外开放性，有利于促进主办城市的文化传播和地区间的文化交流，增强主办城市文化的影响力。通过举办重大节事，主办城市将自己的文化底蕴和所取得的卓越文化成就展示在世人面前，通过游人的耳濡目染和新闻媒体的连篇报导宣传，主办地的城市文化得以迅速向世界范围扩展。在重大节事对城市文化影响的研究中，大型体育赛事因节事本身更富于“积极进取精神”而受到更多的关注[15]。

此外，围绕重大节事的投资与需求，还能为社会创造大量的就业岗位，在一定程度上能缓解社会失业率问题。亚特兰大从1990年成功申办奥运会开始到1996年春，在与奥运相关的项目上总共投入了20亿美元，其结果是1991～1997年该区域共创造了58000多个新的就业岗位[16]；1985年日本筑波世博会共创造了457773个就业机会，占1985年日本全部就业人数的0.8%[17]。这不仅包括那些与节事本身组织有关的就业岗位，还包括因大量游客的增加而在旅游业、零售业等部门创造出来的就业岗位，以及建设大量基础设施时，在建筑业内创造的就业岗位。在1985年筑波世博会创造就业机会的前五位产业中，综合服务业（包括服务业、商业和贸易、金融和房地产）和基础设施方面创造的就业机会分别占创造就业总数的49.95%和16.1%（表2-4）。

1985年筑波世博会创造就业机会排名前五位的行业　　表2-4

行业部门	世博会创造的就业	占世博会创造所有就业岗位的比重(%)
服务业	137224	30.0
商业和贸易	75330	16.5
基础设施	73519	16.1
金融和房地产	15704	3.4
房屋建设	14724	3.2
前五位行业部门创造的总就业数	316501	69.2
1985年筑波世博会创造的总就业数	457773	100.0

资料来源：克劳德·塞尔旺，竹田一平著．国际级博览会影响研究［M］．魏家雨等译．上海：上海科学技术文献出版社，2003：88.

虽然多数案例都表明举办重大节事能创造就业机会，但关键的问题在于这些就业岗位的质量及持续时间。学者席梅尔（Schimmel）认为大型体育赛事这样的重大节事创造的与服务有关的就业岗位通常是兼职或者低工资的[18]。此外，学者米格莱斯（Miguelez）也表明由于大部分与奥运会相关的工作都是暂时的，巴塞罗那奥运会实际上只创造了少量持久性的新就业岗位[19]。

同时，重大节事的举办有可能加剧城市的居民贫困问题。学者霍尔（Hall）和霍奇斯（Hodges）指出，与节事相关的基础设施建设过程中，可能由于需要强制性购买土地而涉及住房的重新安置，也可能导致房屋租金和住房价格的上涨。因此，重大节事的举办可能会给主办地的低收入居民带来困难[20]。一份关于1996年亚特兰大奥运会社会影响力的报告表明，为了兴建奥运会的居住建筑，大量公共房屋被拆除，大约15000位居民被迫搬迁。此外，在1990～1995年间，共散失了9500个廉租住宅单位，以及3.5亿美元的公共项目资金被转投到了奥运会的筹备上，而政府原本打算将这些资金投放到低收入住房建设、社会服务和对无家可归者及贫民的援助服务上[21]。因此，重大节事对社会结构的可能影响是导致贫困问题加剧，并加剧社会阶层的分化。

二、城市形象

城市形象是城市景观、市民形象、政府形象的整体反映，包括视觉形象和感知形象。重大节事的成功举办，能够为城市树立良好的形象，提高城市知名度和影响力，能够“促进举办城市树立起对外具有吸引力、感召力、回味力、亲情力，对内具有规范力、凝聚力、推动力、自豪感的良好城市形象，而良好的城市形象是一个城市保持可持续发展的重要保证”[22]。

重大节事形成的良好城市形象，能够为城市发展带来硬件和软件两方面的提升。一方面，城市形象作为一个地方品牌，是不可低估的无形资产。拥有良好形象的城市，不仅能够促进旅游业、商业和房地产业，同时还犹如一个巨大的磁场，能够不断吸纳周边地区乃至海内外的生产要素（如人力资本、货币资本、商品资本、技术资本等），推动和促进城市经济的全面和可持续发展；另一方面，良好城市形象将会显著地提升城市的知名度和美誉度，增强市民的凝聚力，提高市民的素质；更为重要的是，良好的城市形象还有助于增强公众对政府的信任，政府形象本身就是城市形象的重要组成部分，而一个勤政廉洁、公正高效的政府，通过重大节事的成功举办，又可以进一步得到公众的支持和信任，这对改善政府和群众的关系，最大限度地激发全体市民维护城市形象和建设发展城市的积极性和创造性具有特别重要的意义。1997～2000年，澳大利亚旅游局仅通过媒体关系活动，就为本国制造了相当于21亿美元广告费的宣传效应，澳大利亚旅游委员会估计，

1997～2000年，悉尼奥运会给悉尼带来的广告宣传效应相当于支出33.8亿美元。由于2000年悉尼奥运会对澳大利亚形象的提升，2001年澳大利亚成为吸引国际会议及相关活动最多的国家，超过了美国和英国[23]。

然而并不是所有的重大节事都能成为城市形象的提升带来积极的作用，从最开始的筹备、建设，宣传、举行的整个过程中，也存在着很多的问题和陷阱，包括对城市历史风貌的肆意改造，以及举办过程中的安全突发事件等[24]。

有些城市利用重大节事带来的巨额投资对城市进行大规模改造，期望以一个全新的城市形象吸引更多的资金和技术支持，以利于城市建设的持续健康发展。然而，忽视城市自身特色，盲目进行城市改造的做法，破坏了城市原有的整体面貌和人文气息，被人们广泛认可的地域特征也不复存在，这样不仅难以达到提升城市形象的效果，反而破坏了既有的良好资源，本末倒置。

重大节事的举办过程中，突发事件带来的不安全因素也会影响城市形象。例如：1972年的德国慕尼黑奥运会由于受到黑色袭击事件的影响，使得奥运会期间以及结束后一段时间内，整个城市始终笼罩在阴影之中。此外，在节事的举办期间，来自世界各地的参展、参赛人员、记者、观众众多，由于各个国家的法律文化、道德价值观念、宗教信仰以及日常生活习惯存在差异，这类问题若处理不当也会带来安全隐患，给城市形象的提升带来负面影响。

2.2 城市建设的触媒

重大节事能够引发非常规的内外部需求和经济预期，使得大规模的城市建设活动容易得到国家、地方政府及主办地社会民众的支持，从而为具有超前性的城市建设提供了机会。因此，重大节事往往成为城市建设活动的触媒。这些建设活动涉及大型公共建筑、基础设施等，对城市空间结构往往造成结构性的影响，并促成城市交通系统、城市公共空间等方面的变化。

2.2.1 实体形态

一、场馆及配套设施建设

重大节事对城市建设的促进作用，首先体现为节事所需的大量场馆及配套设施的建设。以奥运会为例，根据《2012年奥运会申办手册》，夏奥会的举办城市必须提供的设施包括：为28个大类的300多项比赛提供40个左右的正式比赛场馆和近百个配套训练场地；为超过1.5万名参赛人员提供多功能的奥运村；为至少1.5万名媒体记者提供信息和广播中心以及记者村；为世界各大体育组织和普通观众提供至少4万套旅馆住房。此外，还要保证城市在交通、能源、通信、后勤和娱乐设施上有足够的容量来满足多达10万名的奥运会观光客的需求[25]。对于任何一个城市而言，数年内系统性地规划和建设上百公顷面积的城市用地，其影响是不容忽视的。

此外，由于举办大型节事不可避免地引发大规模城市建设，对城市环境将产生某种程度的负面影响，也应当给予足够重视。例如：2004 年雅典奥运会建设的划船中心曾被指责破坏了当地的湿地环境和生态系统[26]。

二、基础设施建设

重大节事能够使城市基础设施的建设提速，包括城市道路交通系统、电力系统、给排水系统、通信系统以及各类公共服务设施等等。汉城（首尔）为举办亚、奥运会，其城市基础设施建设的投资比重超过了场馆设施建设。汉城（首尔）扩建了金浦航空港，并新建了 8.2 万 m^2 的第二空港大厦；地铁线路由原来的 1 条扩建至 4 条，使线路总长度达到 116.5km，日运输乘客量达到 500 万人次；改造城市主要河流汉江，在汉江周边的 693hm^2 土地上建设娱乐设施、公园和绿化地带；此外，建设 4 个下水处理设施，市内新设有关的水道 277km[27]。

城市的发展水平和竞争力取决于城市的基础设施水平，而城市基础设施的提供又取决于需求的有效性。一般来讲，城市对基础设施的需求是随着城市经济水平的提高逐渐出现的。如果一个城市的基础设施投资慢于需求的增长，就会拖经济发展的后腿，丧失发展机会；如果城市基础设施提供超过真实需求，就会导致各种各样的经济问题，甚至导致城市财务的破产。而重大节事的优势在于能够提供一个巨大的外部需求，使得超前提供的基础设施成本的其中一部分被迅速收回。这样基础设施就可以在本地需求水平较低的时候，实现超前的发展，从而带动城市竞争力的全面提升[28]。但是，如果基础设施的另外一部分成本无法通过土地经营收回，则仍有可能造成城市经济的负累。

2.2.2 空间形态

一、城市结构

重大节事对城市空间结构产生的影响，体现在两个方面：旧城整合，新城建设。有学者将其归纳为两种模式："1×1"模式和"1+1"模式[29]。"1×1"模式，是指城市以巩固和发展原有城市空间为主，依靠提高已有场馆、基础设施及服务设施的建设水平与服务能力的方式来满足重大节事的需求。例如，巴塞罗那在承办奥运会期间将城市更新作为干预城市空间发展的主要战略，将 80%的奥运会场馆集中于原有市区范围的四个赛区内场馆，绝大部分是在原有场馆的基础上改造而成，奥运村、博物馆、酒店等服务设施的建设也主要与旧城更新结合进行。"1+1"模式，是指城市跳出原有城市空间，结合设施建设开辟城市新区，城市空间结构进行整体重塑，并由此推动城市空间发展。例如：悉尼在承办奥运会期间在离市中心区 14km 的霍姆布什湾兴建了奥林匹克公园并使其成为城市新区；广岛在亚运会期间建设了西风新都新市区等。

对于许多城市而言，通过重大节事的相关建设来调整城市空间结构，往往同时具有这两种模式的特征。选择其中哪一种模式为主，与城市的地理环境、发展阶段、经济条件有关，由城市特征的综合因素决定。

二、城市公共空间

重大节事的相关设施建设中，有相当一部分设施是需要新建的，新设施建设的同时往往能为城市提供新的公共空间；而另一部分则是需要利用和改造城市中已有的设施，其改造必然也为城市公共空间的改善提供了难得的契机。

历届世博会的主题都意图体现当时世界上最先进的生产方式、人工产品和人类艺术，成为向世界传达人类进步与世界和平的共同愿望的宣传平台。在这个永恒的主题引导下，世博会场馆的最终使用方式也不约而同地与科技展示、文化展示和公共生活娱乐结合在一起，各种主题的展览馆、综合娱乐中心、公共绿地、广场等是世界博览会留给该地区的永恒纪念，甚至成为城市中不可替代的重要的公共空间。1998 年里斯本世博会结束之后，其保留的核心区域已经成为里斯本的一个公共活动中心和旅游景点。其中，水族馆每年吸引 100 万游客；乌托邦馆作为里斯本的多功能活动中心，举办各类世界级体育比赛和文艺表演；国际联合展馆作为里斯本展览中心，每年举办 30 场展览，参观人次达到 80 万[30]。

当然，重大节事在为城市提供新的公共空间的同时，需要关注的是公共空间的持续发展动力，以及新的公共空间与原有城市空间的相互融合等问题。

本章小结

重大节事与城市整体发展的关系可归纳为两个方面：一方面，重大节事作为城市经营的重要手段，与城市的经济效益、社会效益、城市形象等非物质层面之间的关系；另一方面，重大节事作为城市建设的触媒，与城市的空间结构、场馆与配套设施、基础设施、公共空间等物质层面之间的关系。

重大节事对城市总体经济的影响极大。影响具有双重性，既有正面的作用，也存在负面的影响。关注重大节事之后城市经济发展的持续动力，避免由于重大节事的短期性而导致的城市经济急速增长和滑落，是利用重大节事进行城市经营的关键。重大节事对城市经济效益的影响，有着明显的时间规律和特征。以奥运会为例，投资最高点一般在举办奥运会前的一两年，而在奥运会之后一年内基本结束，由投资引发的乘数效应最高点在举办奥运会的当年，并能延续五年左右。配合时间规律特征，有利于制定针对性的节事建设策略。此外，重大节事对主要相关产业的影响极为显著，包括建筑业、酒店业、旅游业、会展业、房地产业，应当重视节事前对产业发展的推动和节事后产业的持续发展，否则将失去原有的平衡发展状态，出现经济震动和泡沫现象，对长远的整体经济发展将造成负面影响。

作为具有多个层面内容的人文事件，重大节事对城市具有重要的社会文化价值。重大节事的对外开放性，有利于促进主办城市的文化传播和地区间的文化交流，增强主办城市文化的影响力。围绕重大节事的投资与需求，还能为社会创造大量的就业岗位，在一定程度上能缓解社会失业率问题，不过这些就业岗位的质量及持续时间应当得到进一步的重视。另外，重大节事的举办有可能加剧城市的居民贫困问题，与节事相关的基础设施建设过程中，可能由于强制性购买土地而涉及住房的重新安置，也可能导致房屋租金和住房价格的上涨。重大节事能够整体提升城市形象，形成不可低估的无形资产。同时，利用重大节事带来的巨额投资对城市进行盲目的大规模改造，以及突发事件带来的不安全因素会对城市形象造成不良影响。

重大节事往往成为城市建设活动的触媒。这些建设活动涉及大型公共建筑、基础设施等，对城市空间往往造成结构性的影响，并促成城市交通系统、城市公共空间等方面的变化。这一部分正是本书的研究核心内容。

总体来看，重大节事与城市的关系体现为两方面：首先，重大节事能为城市带来硬件上的积累，不仅包括高质量的场馆设施、标志性的建筑物，还包括基础设施的提升、城市公共空间的整合等；另一方面，重大节事能为城市带来更具有长期效益的软件上的积累，包括城市形象的提升、社会结构的调整以及城市文化的积淀。所谓的重大节事对城市可持续发展的推动意义，正是体现在非物质层面与物质层面这两方面的良好结合，对城市产生的深远影响。同时，应当客观地认识到，由于宏观决策、具体实施等方面存在局部与整体、短期与长期的矛盾性，因此重大节事也会对城市产生某些负面影响。通过理性的分析，客观看待重大节事与城市之间的关联性，以此作为决策的重要依据，能最大限度地减少负面影响的产生。

参考文献

[1] 广交会每年为广州创收117亿. 羊城晚报 [N]，2006年10月15日（A2版）.

[2] 中国经济不会出现“奥运泡沫”. 人民日报·海外版 [N]，2007年3月20日(05版).

[3] 林显鹏，虞重干. 现代奥运会对主办城市经济发展的影响及其规律研究 [J]. 上海体育学院学报，2006，2：4.

[4] 同 [3]：3.

[5] 克劳德·塞尔旺，竹田一平著. 国际级博览会影响研究 [M]. 魏家雨等译. 上海：上海科学技术文献出版社，2003：88.

[6] 同［3］
[7] 中金公司研究部．2008年投资策略研究报告［R］．2007：51.
[8] LenskyJ. H.．Inside the Olympic Industry：Power，Politics and Activism［M］．New York：State of New York University Press，2000.
[9] Ruthheiser D.．Imagineering Atlanta［M］．Verso，New York，2000.
[10] 罗秋菊，李晓莉．会展与酒店效益及配置关系研究［J］．旅游科学，2002，4：69.
[11] 同［3］：4-5.
[12] 臧冠荣，张春林．承办世博会，撬动城市经济社会发展的杠杆［J］．河北师范大学学报（自然科学版），2004，7：426.
[13] Kang S.，Perdue R.．Long-term Imapact of a Mega-event on International Tourism to the Host Country：a Conceptual Model and the Case of the 1988 Seoul Olympics［J］．The Journal of International Consumer Marketing，1994，3.
[14] 马聪玲．大型赛事对旅游目的地影响研究——以韩国世界杯为例［DB/OL］．2002～2004年中国旅游发展：分析与预测．天津商业大学图书馆．http://202.113.82.2/.
[15] 肖锋．举办国际体育大赛对大城市的经济，文化综合效应之研究［J］．上海体育学院学报，2004，5.
[16] Stevens T.，Bevan T.．Olympic legacy［J］．Sport Management，1999，9.
[17] 同［5］
[18] Schimmel K. S.．Growth Politics，Urban Development，Sports Stadium Construction in the United States：A Case Study［A］．The Stadium and the City［C］．Keele：Keele University Press，1995.
[19] Miguelez，Carrasquer Miguelez F.，Carrasquer P.．The Repercussion of the Olympic Games on Labour［A］．In the Keys to Success［C］．Barcelona：University Autonoma of Barcelona，1995.
[20] Hall C. M.，Hodges J.．The Politics of Place and Identity in the Sydney 2000 Olympics：Sharing the Spirit of Corporatism［A］．Sport，Culture and Identity［C］．Aachen，1998.
[21] BEATY A.．The Homeless Olympics?［A］．Homelessness：the Unfinished Agenda［R］．Sydney：University of Sydney，1999.
[22] 周常春，冯志成．论城市形象建设与城市经济社会可持续发展［J］．经济问题探索，1998，12.
[23] John R Madden. The Economics of the Sydney Olympics［A］．Paper presented to the 23 conference of ANZRSAI［R］．New castle，1999：19-22.
[24] 王静．论如何规避通过大型活动提升城市形象的陷阱［J］．市场周刊·商务，2004，7：33.
[25] IOC Manual for candidate city for the Games of the XXX Olympiad 2012［M］．Lausanne：International Olympic Committee，2003.
[26] 彭涛．大型节事对城市发展的影响［J］．规划师，2006，7：7.

[27] 马国馨. 体育建筑论稿——从亚运到奥运［M］. 天津：天津大学出版社，2007：115.
[28] 赵燕菁. 奥运会经济与北京空间结构调整［J］. 城市规划，2002，8：29.
[29] 彭涛，王建军，李晓辉等. 亚运会背景下广州城市空间发展模式思考——供需关系的视角［J］. 规划师，2006，8：65.
[30] 唐子来，陈琳. 世博会的经典案例研究之二：1998 年里斯本世博会［J］. 城市规划汇刊，2004，2：16.

第3章　重大节事与城市建设的关系发展历程

综观重大节事在城市建设中的发展阶段，尽管其产生的具体历史时间有所差别，但发展规律和阶段特征是相当类似的，其中世博会和奥运会的发展最具代表性，综合考虑重大节事相关设施建设以及与城市建设关系的发展历程，可以将其归纳为四个历史发展阶段：初级阶段、发展阶段、融入城市整体建设阶段、融入城市可持续发展建设阶段。这四个发展阶段的特征分别为：单体建筑—建筑群—多元化的规划模式—对城市建设和城市形态产生深远的影响。经过四个阶段的发展与蜕变，重大节事与城市发展的关系经历了“以节事举办为主导”向“以城市发展为主导”建设模式的转变，即以节事为动力和主体进行设施建设，转变为以城市良性发展为主要目标进行节事相关设施建设，两种模式的差别体现在发展策略、建设模式、投资权重等多个方面，也对城市后续发展起到关键性影响。

3.1 “以节事举办为主导”的建设时期

在重大节事举办规模尚小、对城市建设影响尚弱的阶段，场馆、交通、服务等相关的配套设施建设，通常以节事的成功举办为主要目标和动力，这一时期的建设和策略核心是“以节事举办为主导”。重大节事建设的初级阶段和发展阶段都具有这一时期的特征。

3.1.1　初级阶段

各类重大节事产生的时间不尽相同，世博会产生于19世纪中期，奥运会产生于19世纪末期，亚运会则于20世纪中期才出现。在初级阶段中，重大节事举办的规模、参加的国家和人数都相当有限，因此举办城市所进行的相应建设规模也不大。

早期的世博会规模小，其整个会场往往由单幢建筑组成。如1851年伦敦世博会以“水晶宫”作为主要展览空间，1853年纽约世博会、1855年巴黎世博会和1862年伦敦世博会也都采用单一建筑形式（图3-1）。这类建筑常建在环境优美的公园内（如1851年的水晶宫位于伦敦海德公园内），或借用城市中心现有的展览建筑（如1855年会场设在香榭丽舍大街一端的产业宫内）。这一时期的世博会还没有形成主题馆、国家馆、地区馆等布展方式，在场馆布局上也没有尝试过分散布局的方法，只采用了单一建筑、集中式布局的规划模式[1]。

图 3-1　英国 1851 年世博会建筑——水晶宫

资料来源：http://www.lib.umd.edu

最初的奥运会规模不大，主运动场的形制尚不统一，逐届差异很大[2]，其中 1900 年巴黎奥运会、1904 年圣路易斯奥运会和 1908 年伦敦奥运会和世博会同时、同地举行，成为世博会的组成部分。当时的奥运会建设也仅限于新建或改建建筑单体，甚至比世博会的关注力和影响力还小（图 3-2）。

图 3-2　1896 年第一届奥运会主场——雅典大理石体育场

资料来源：http://www.591wed.com

由此可见，在重大节事产生的初级阶段（世博会为 19 世纪中，奥运会为 19 世纪末至 20 世纪初），其相关建设基本仅限于单体建筑，对城市建设和城市形态的影响相对较弱。

3.1.2　发展阶段

重大节事在逐步发展的过程当中，其相关建设的规模也在不断增大。建设规模的扩大，导致建设的主要建筑或建筑群必然与城市发生关系，这一阶段的建设开始关注大范围的规划和布局。

世博会不断扩大的会场面积与急剧增多的展馆建筑，急需进行科学合理的规划设计。当时的欧洲城市规划设计理论发展对世博会的会场规划影响巨大。1867 年巴黎世博会首次出现各国分展馆、餐饮服务中心和游乐场等辅助设施，其会场开创了以绿地广场和水池为核心、围绕主展厅和主题馆、独立国家展馆分散布局的规划结构。这一布局以其高效性和优雅环境赢得了广泛的好评，使世博会出现了正式的规划设计，并奠定了基本的规划布局模式。这种布局方式在 20 世纪的历次世博会中被反复使用，如 1915 年的旧金山巴拿马博览会和 1935 年的布鲁塞尔世博会[3]。1873 年维也纳世博会也因为首次在不同的展馆中展出不同系列的展品，而对大量的展馆进行了统一规划（图 3-3）。

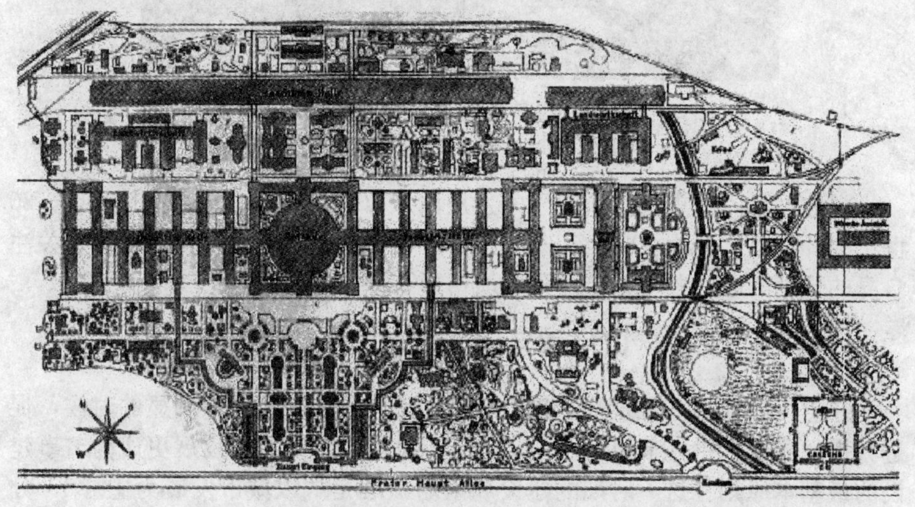

图 3-3　1873 年维也纳世博会对展馆进行的规划布局方案

资料来源：http://www.lib.umd.edu

这一阶段的世博会由于主办国展馆、地方展馆的出现，使其功能分区和规划布局更为明确。但由于建设的主体和动力在于节事本身，而对于设施的后续利用以及与城市功能的融合往往缺乏足够的重视，节事后容易带来城市问题。例如 1893 年和 1933 年两届芝加哥博览会，由于为了满足展会需求而使场馆用地规模过大，不仅需要投入大量资金来建设场馆内部及城市交通设施，而且对于庞大的会展场地的后续利用缺乏足够的考虑，给城市进一步发展带来困扰。

这一阶段的奥运会建设规模也在不断增大，不仅体现在建设总投资的增加，还体现在比赛场馆需求的增多，这种发展趋势直接导致了大型体育中心（即奥林匹克中心）的出现（图 3-4）。此外，这一阶段奥运村的建设使得奥运会建设面临的问题更为复杂。奥林匹克中心与奥运村是两项重要的建设内容，因此两者的选址与交通联系使奥运会建设不可避免地涉及城市总体规划与建设[4]。

图 3-4　1924 年巴黎奥运会首次出现大型体育中心

资料来源：作者根据 Google Earth 图绘制

由此可见，在重大节事产生的发展阶段（世博会为 19 世纪下半叶～20 世纪中叶，奥运会为 20 世纪 20 年代～50 年代），其相关建设已经开始关注自身的规划问题，并对城市建设和城市形态开始产生影响。

3.2　“以城市发展为主导”的建设时期

在重大节事举办规模逐步扩大并对城市建设影响愈来愈明显的时候，促进城市发展成为举办节事的主要动力，保证城市的可持续发展更成为节事建设的最基本原则。这一时期的建设和策略核心是“以城市发展为主导”，分别经历了融入城市整体建设阶段和融入城市可持续发展建设阶段。

3.2.1　融入城市整体建设阶段

进入城市整体建设阶段，重大节事的建设与城市整体建设和发展有了进一步的紧密结合，重大节事的选址、布局，直接与城市的规划策略和发展战略相关。这一阶段的城市基础设施建设受到重视，得以大规模地、快速地建设，不仅为重大节事的举办提供必要服务设施，更重要的是为实现城市的长期发展提供重要框架。各类重大节事与城市整体建设结合的具体方式有共性，也存在差别。

这一阶段的世博会规划注重与城市发展战略的契合，世博会的建设成为城市空间拓展的有机组成部分，会后的地区发展与城市发展方向相一致。1970 年大阪世博会的会场规划，早在 1965 年就与其周围的新城规划同步进行，新城的交通系统与展区的轨道交通系统整体规划，5 年后世博会开幕时新城也初具规模，世博会后会场按规划改造成了以绿化为主的文化公园，成为新城的有机组成部分。

世博会会场规划设计还十分注重展区的再利用问题。1967 年蒙特利尔世博会会场规划结合了城市内陆旧港区的再开发计划，整个展区规划分别利用了旧防洪堤、原有绿化公园的江心岛和根据河道改造要求填埋的人工岛，并规划了良好的道路网、有轨交通网和水上交通网，为该地区的再利用创造了良好的条件[5]（图 3-5）。

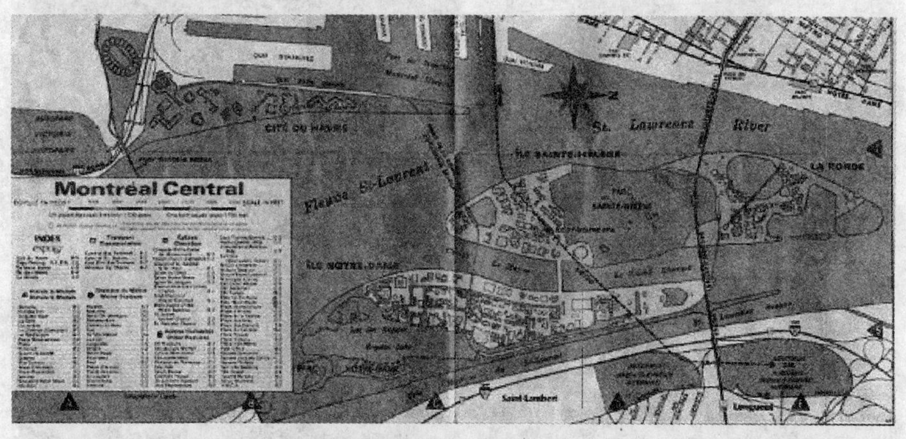

图 3-5　1967 年蒙特利尔世博会会场规划与城市旧港区的再开发相结合

资料来源：http://big5.expo2010china.com

奥运会建设在这一阶段的主要特征为：多中心规划建设模式的出现和发展。多中心规划建设模式是奥运会本身规模发展的产物，也是大城市发展的必然结果[6]。

20 世纪 60 年代罗马奥运会首次出现多中心的建设模式之后，东京和墨西哥城的奥林匹克中心由 2 个增加到 3 个。同时，以奥林匹克中心为主的设施建设进一步扩大，其分布的地域范围已扩展至城市整体。当然，多中心规划模式并没有完全取代单中心模式。20 世纪 70 年代的慕尼黑和蒙特利尔由于受到当时政治、社会、经济等多方面因素的影响，重新采用了单中心的建设模式，并集巨资建设了大规模的奥林匹克中心。但是大规模奥林匹克中心带来的经济压力逐渐使奥林匹克运动陷入危机，20 世纪 80 年代的莫斯科和洛杉矶则再次启用了多中心的规划模式，并且融入了新的方式和观念。

此外，这一阶段奥运会的建设开始关注促进城市的改造更新与整体建设。1960 年罗马奥运会新建北部奥林匹克中心，而南部奥林匹克体育中心则是 1942 年国际博览会的场址 EUR 区❶进行更新改建形成的，促进了

❶ 早在 1935 年，意大利开始筹备“罗马环球博览会”（Universal Exhibition of Roma，当地人将其建设的场址简称为 EUR 区）时，便确定了在罗马城市西南开发新区的设想，后来 1942 年举办“国际博览会”时，实施了该区的开发计划。

EUR区的复兴及其与城市新中心的联系（图3-6、图3-7）。此外，为了使均衡分布在罗马南部、北部之间的体育设施有直接便利的联系，大力建设城市道路系统，并建造了重要的城市交通性干道。这时，城市基础设施建设已成为奥运会建设的重要内容之一。

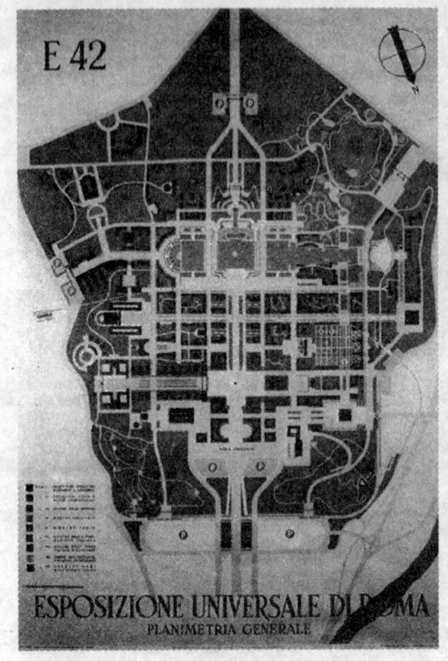

图3-6　EUR区举办国际博览会时的规划方案（1942）

资料来源：http://www.aliciapatterson.org

图3-7　EUR区建设为南部奥林匹克体育中心后的影像照片（1962）

资料来源：http://www.aliciapatterson.org

由此可见，在重大节事融入城市整体建设阶段（20世纪中叶～20世纪末），其相关建设与城市的改造更新、整体建设结合，并对城市建设和城市形态产生重要影响。

3.2.2　融入城市可持续发展建设阶段

20世纪90年代，随着城市可持续发展理念的正式提出，可持续发展观就成为城市建设和发展中普遍关注的问题，而重大节事的建设也开始强调可持续发展的主题。1987年联合国环境与发展委员会发表了《我们共同的未来》，全面地阐述了可持续发展的理念，核心是实现经济、社会和环境之间的协调发展。1993年英国城乡规划协会发表了《可持续环境的规划对策》，提出将可持续发展的概念和原则引入城市规划实践的行动框架，该框架被称为环境规划，即将环境要素管理纳入各个层面的空间发展规划。这一阶段重大节事的建设以实现城市的可持续发展为指引，城市发展已经成为节事建设的主导因素。

2000 年汉诺威世博会提出了“汉诺威原则”，其核心是“设计服务于可持续发展”，其场馆规划充分体现了可持续发展的原则。汉诺威作为德国重要的会展城市，已经具有规模相当、设施完备的国际会展中心。1992 年开始规划论证时，由阿尔伯特·施拜尔（AS&P）领导的规划小组，本着可持续发展的指导思想，“不建造任何在世博会后无用的东西”，紧扣“人·自然·技术”主题，使世博会会场的规划在世博会结束后成为 21 世纪汉诺威城市发展的重要组成部分[7]。规划以原有展区的利用为首要原则，该世博会占地 160hm^2，其中 90hm^2 是对原会展区的改造扩建，新设展区仅 70hm^2，从而开辟了世博会史上全新的“依托型”规划方式[8]。值得一提的是，考虑到整个规划在实施的进程中，建设周期长，其任务、内容和目标由于认识的局限和外界因素的影响会不断发生变化，于是在保留 1994 年总体规划的基本框架基础上，每隔半年就对有关事项进行讨论，并对细节进行修正，将规划中可能出现的问题减少到最低限度，从规划制定和实施方式上也实现了可持续的理念。

2012 年伦敦奥运会的建设策略同样也体现了与城市可持续发展策略的融合。伦敦奥运会的奥林匹克公园是奥运建设和规划的重点，位于东伦敦的下里亚谷地（Lower Lea Valley），其选址与伦敦长期的城市更新计划息息相关（图 3-8）。由于历史原因，伦敦西区开发较早，是全市经济文化和政治活动的中心；而伦敦东区则是在工业革命时期逐步发展起来的工业区和码头区，环境相对恶劣，居民大多为下层平民和体力劳动者。近几十年来，受西方经济转型的影响，英国制造业逐渐衰落，伦敦东区的经济发展停滞，社会问题丛生。为了缩减东西城的差距，促使城市发展中心自西向东转移，自 20 世纪 80 年代以来，伦敦东区开始有计划地实施改造和复兴计划。2004 年公布的《伦敦市总体规划》将 28 个地段确定为 2016 年前城市整治的重点，其中大部分都位于伦敦东区[9]。下里亚谷地是其中最大的一块，该地段被工业设施和贫民窟所占，逐渐成为城市荒地和工业废弃地，是长期被认为亟待改造的部分。

2003 年之前，伦敦发展局就为下里亚谷地的斯特拉夫德（Stratford）制定了城市改造计划，这时奥运会的申办还未进入日程。在计划中，“融合”（Integration）作为重要的概念被提出，强调斯特拉夫德与城市中心区域之间的整体性，具体包括：斯特拉夫德与其他地区的重要联系方式应得以进一步扩展；斯特拉夫德的发展要以“与周边其他地区之间相互融合、共同形成东部新中心”为目标；总体规划要将地块周边分散的各类土地使用适当集中，并增加必要的其他城市功能，最终形成整体性的城市区域[10]。实际上，这一区域的改造计划随后已经逐步展开，包括快速轨道交通设施的建设、环境的整治等。

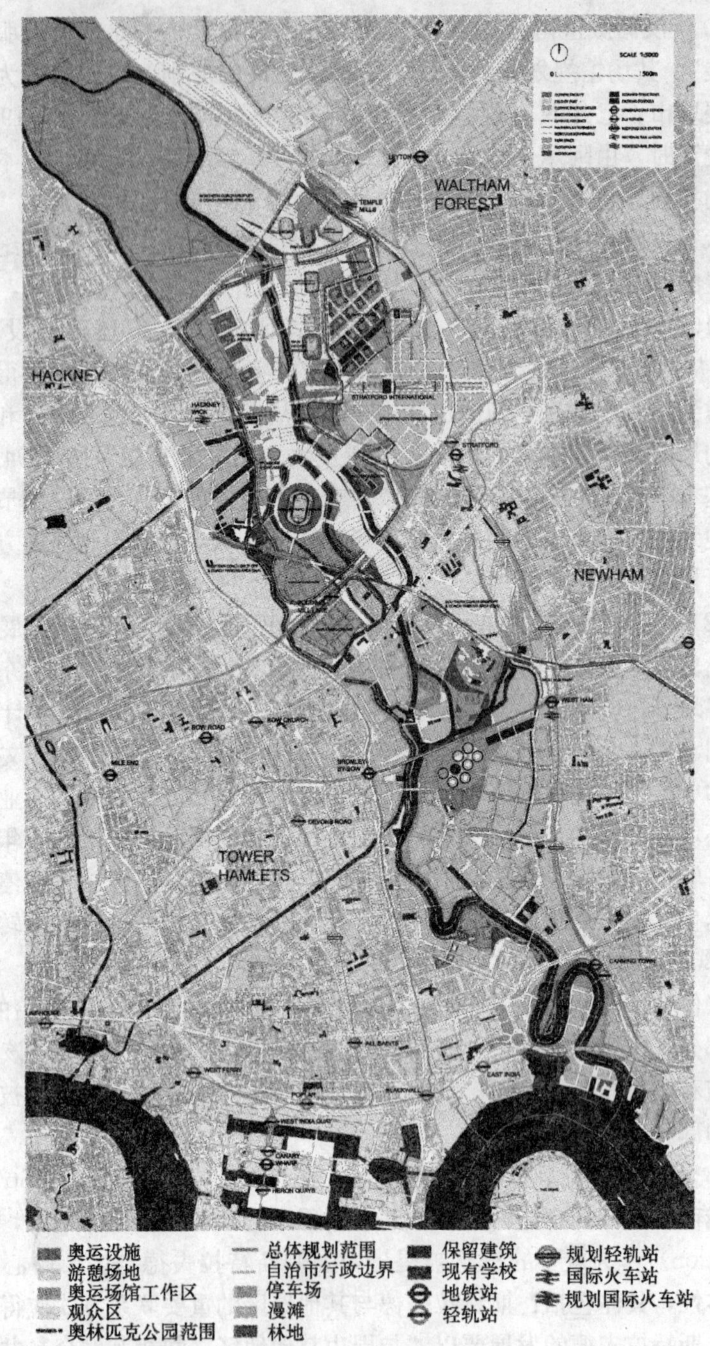

图 3-8　2012 年伦敦奥运会总体规划融入伦敦东区改造计划

资料来源：作者根据 http://www.lda.gov.uk/server/show/conMediaFile.212 整理绘制

2003 年伦敦申办奥运会，伦敦市政府希望伦敦东部通过举办奥运会加快地区更新和发展，并制定了下里亚谷地区重建总体规划。规划不仅详细阐述了伦敦将如何举办2012年伦敦奥林匹克运动会和残障奥运会，更为重要的是为奥运会结束后该区转变成为伦敦城市新区做出了指引，为该区留下可持续发展的触媒。总体规划方案提供了9100间新住所、数千个长期工作岗位以及里亚河畔的一大片公用场地，该场地将连接海克尼沼泽球场和泰晤士河；新的园林绿地系统将产生127hm^{2}的公用开放空间，比原来增加了66%；许多比赛场地，包括主场馆、室内场馆及水上项目中心都将保留下来作为重要的资源[11]。伦敦申办2012年奥运会得以成功，城市的有序发展与奥运会的举办能融为一体是关键因素之一。在申奥报告中，伦敦政府始终强调“奥运会将成为奥林匹克公园所在城镇的更新和发展的触媒”；并且奥运会所需的“64%的竞赛区域有的已经存在，有的正在建设和规划中，无论申奥是否能够成功”；另外，奥运预算中“有17亿英磅已经投入城市公共交通系统中”[12]。伦敦的政策表明奥运与城市的发展已经相互融合，并相互促进和发展。奥运建设融入东区的改造复兴计划，在伦敦城市的可持续发展进程中将发挥重要的触媒作用（图3-9）。

图3-9 伦敦奥林匹克公园规划方案
资料来源：EDAW景观设计公司

由此可见，重大节事的融入城市可持续发展建设阶段（20世纪末至今）中，其相关建设与城市的可持续发展紧密联系，并对城市建设和城市形态产生更为深远的影响。

相比较而言，“以节事举办为主导”的建设模式核心在于举办节事的需求，而对节事之后的城市长期发展缺乏足够的重视；“以城市发展为主导”的建设模式则更为关注城市的可持续发展，节事建设与大规模的更新改造计划结合，对城市建设和城市形态产生更为深远的影响。两种模式分别代表着节事建设的两种基本思路，即“为了节事的城市建设”和“为了城市的节事建设”。

本章小结

本章以世博会和奥运会为例，对重大节事与城市建设的关系发展历程进行了梳理。由于节事自身规模的不断发展，与城市建设的关系分别经历了两个时期："以节事举办为主导"的建设时期和"以城市发展为主导"的建设时期，四个阶段：初级阶段、发展阶段、融入城市整体建设阶段、融入城市可持续发展建设阶段。

重大节事与城市建设关系的四个阶段特征分别为：初级阶段——相关建设基本仅限于单体建筑，对城市建设和城市形态的影响相对较弱；发展阶段——关注大范围的规划和布局，主要建筑或建筑群与城市发生关系，对城市建设和城市形态开始产生影响；融入城市整体建设阶段——注重与城市发展战略和城市总体规划的契合，多元化的规划模式对城市建设和城市形态产生重要影响；融入城市可持续发展建设阶段——强调城市可持续发展的主题，对城市建设和城市形态产生更为深远的影响。初级阶段和发展阶段中，重大节事的建设对城市形态影响弱，以节事场馆设施的建设为主，属于"以节事举办为主导"的建设模式；融入城市整体建设阶段和融入城市可持续发展建设阶段中，以城市发展为核心进行节事设施的规划和建设，重大节事的建设对城市形态的影响深远，属于"以城市发展为主导"的建设模式。

总体来看，重大节事与城市发展的关系经历了"以节事举办为主导"向"以城市发展为主导"建设模式的转变，即以节事为动力和主体进行设施建设，转变为以城市良性发展为主要目标进行节事相关设施建设，两种模式的差别体现在发展策略、建设模式、投资权重等多个方面，也对城市后续发展起到关键性影响。两种模式分别代表着节事建设的两种基本思路，即"为了节事的城市建设"和"为了城市的节事建设"。

附表一　世界博览会建设特征和发展阶段

时间	地点	主题	建设与布局特征	发展阶段
1851 年	英国伦敦	万国工业成就大博览会	"水晶宫"，位于海德公园内	建设的初级阶段
1853 年	美国纽约	万国产业博览会	仿建"水晶宫"	
1855 年	法国巴黎	巴黎农业、工业、艺术世界博览会	借用城市中心现有的展览建筑	
1862 年	英国伦敦	伦敦工业与艺术世界博览会	单一展览建筑	
1867 年	法国巴黎	劳动的历史	首次出现各国分展馆、餐饮服务中心和游乐场等辅助设施，选址城西空地（现在的战神玛尔斯广场）	建设的发展阶段
1873 年	奥地利维也纳	纪念奥地利国王继位 25 周年	首次采用了墨卡托（Mercator）地图投影法，分国别设置场馆，并且把会场分布在郊外公园	

续表

时间	地点	主题	建设与布局特征	发展阶段
1876 年	美国费城	工艺、制造和采矿——建国百周年纪念博览会	选址费城公园	建设的发展阶段
1878 年	法国巴黎	法兰西第三共和国成立 3 周年	选址塞纳河对岸的夏约山（Chaillot Hiull），并将塞纳河纳入展区内	
1880 年	澳大利亚墨尔本	工业、农业、艺术世界博览会	选址卡尔顿（Calton）公园	
1888 年	西班牙巴塞罗那	巴塞罗那万国博览会	选址休塔迪利亚（Ciutadella）公园，建成美术馆、工业宫、胜利门等新建筑	
1889 年	法国巴黎	纪念法国大革命 100 周年	塞纳河左岸发展出一条连续的会展空间，连接东西两个会场，西展区的轴线也延伸到了夏约山（Chaillot Hill）；建成标志性建筑埃菲尔铁塔	
1893 年	美国芝加哥	纪念哥伦布世界博览会	选址在芝加哥市和密歇根湖之间的杰克逊（Jackson）公园，古典复兴式“白色之城”	
1897 年	比利时布鲁塞尔	展示妇女运动的成就	—	
1900 年	法国巴黎	回归 19 世纪，展望新世纪	首次采用了新型交通设施电动步行道，并建立了沟通塞纳河两岸的“亚历山大三世桥”，塞纳河轴线从左岸发展到右岸，东部展区的轴线也从布荷德耶（Breteuil）延伸到了香榭丽舍大街的克莱蒙梭（Clemenceau）广场	
1904 年	美国圣路易斯	路易斯安那领土购入纪念博览会	场地规模达到 $514hm^2$，建造了 21km 铁路来解决内部交通问题	
1906 年	意大利米兰	米兰塞皮奥内世界博览会	—	
1910 年	比利时布鲁塞尔	人类的复兴	场地规模达到 $90hm^2$	

续表

时间	地点	主题	建设与布局特征	发展阶段
1915年	美国旧金山	巴拿马太平洋世界博览会	追求形式主义，迷恋古典复兴风格	
1925年	法国巴黎	装饰艺术与现代工业	以塞纳河为依托沿轴线对称布置，并对一部分沿河展馆进行了再利用	建设的发展阶段
1926年	美国费城	费城世界博览会	—	
1929年	西班牙巴塞罗那	巴塞罗那世界博览会	建西班牙村，展示着西班牙各地富有民族特色的村庄和建筑	
1930年	比利时安特卫普	科学、工业、海洋博览会	—	
1931年	法国巴黎	巴黎国际殖民地博览会	—	
1933～1934年	美国芝加哥	世纪的进步世界博览会	选址密歇根湖岸，5km长的土地，包括艺术之岛(Northerly Island)，并建造称为“空中之乘”的高架有轨电车系统，连接湖岸与艺术之岛	
1935年	比利时布鲁塞尔	通过竞争获得和平	计划只将一部分土地作世博会场地，其余土地用来进行住宅开发，但是由于二战的影响，住宅开发工程并没有真正付诸实施	
1937年*	法国巴黎	现代艺术与技术世界博览会	首次出现了“主办国地方馆”的项目形式，成就了旅游产业的兴起，延续了1900年的两条轴线，并增加了作为第三层次的轴线—亚历山大三世大道	
1939年	美国旧金山	自由与和平世界博览会	利用城市边缘的垃圾场整治而成	
1939～1940年	美国纽约	创造明日的世界	—	
1958年	比利时布鲁塞尔	科学、文明与人性	利用1935年旧展区的地块进行整体再开发	
1961年	意大利都灵	劳动者	—	
1964～1965年	美国纽约	理解走向和平	展区发展成为风景宜人的城市公园	

续表

时间	地点	主题	建设与布局特征	发展阶段
1967年	加拿大蒙特利尔	人类与世界	会场规划结合了城市内陆旧港区的再开发计划	融入城市整体建设阶段
1970年	日本大阪	人类的进步与和谐	总面积达330hm^2、距离市中心15km的丘陵地区开发，与新城规划和建设同步	
1992年	西班牙塞维利亚	发现新时代	总面积达215hm^2，会后保留75%以上的建筑，作为科技园区，全面改善了区域交通基础设施，世博会计划成为外围新城市中心发展计划的组成部分	融入城市可持续发展建设阶段
1998年*	葡萄牙里斯本	海洋—未来的财富	总面积达330hm^{2}的城市重建	
2000年	德国汉诺威	人类、自然、科技、发展	占地160hm^2，其中90hm^{2}是对原会展中心区的改造扩建，从而开辟了博览会史上全新的"依托型"规划方式	
2005年	日本爱知	自然的睿智	占地173hm^2，会后全部恢复原状，回归自然，所有展馆和设施进行重复再利用	

注：表中部分带*号的为专业博览会，博览会分为注册类（又称综合类）和认可类（又称专业类）。
资料来源：作者根据各类期刊、文献及网站资料汇编。

附表二　奥运会建设特征和发展阶段

时间	届数	举办城市	体育设施建设	城市基础设施建设	规划布局特征	发展阶段
1896年	一	雅典	露天剧场扩建为中心体育场	—	—	建设的初级阶段
1900年	二	巴黎	与世博会同时同地举行			
1904年	三	圣路易斯	与世博会同时同地举行			
1908年	四	伦敦	与世博会同时同地举行			
1924年	八	巴黎	第一个体育中心	—	首次出现单中心的布局模式	建设的发展阶段
1936年	十一	柏林	建柏林奥林匹克中心	—	单中心的布局模式	
1948年	十四	伦敦	改造现有体育设施	—	分散式布局模式	

续表

时间	届数	举办城市	体育设施建设	城市基础设施建设	规划布局特征	发展阶段
1952年	十五	赫尔辛基	改造原有体育场为中心体育场	—	单中心的布局模式	建设的发展阶段
1956年	十六	墨尔本	改造原有体育场为中心体育场	—	城市边缘区建设大部分场馆	
1960年	十七	罗马	建南北2个奥林匹克中心	建设城市道路系统，改建给排水系统	首次出现多中心的规划布局模式	
1964年	十八	东京	建3个奥林匹克中心	新建铁路线，新建地铁，大规模建设旅馆	多中心规划的设施分布网络扩大	
1968年	十九	墨西哥城	新建7个大型体育场馆，中心体育场改建	改建城市道路系统	分散的设施分布拓展至城市整体	
1972年	二十	慕尼黑	新建大规模奥林匹克中心	新建城市环路和地铁	单中心的布局模式	
1976年	二十一	蒙特利尔	建大规模奥林匹克中心	新建城市地铁支线	单中心的布局模式	融入城市整体建设阶段
1980年	二十二	莫斯科	新建11个场馆，改扩建137个，中心体育场改建	整修公路，新建国际机场，新建旅馆	重新启用分散为主，多中心规划布局模式	
1984年	二十三	洛杉矶	新建3个场馆，中心体育场改建	改建国际机场	设施分散分布在400多平方英里范围内	
1988年	二十四	汉城（首尔）	新建大型汉城（首尔）体育中心	大规模建设地铁，改建金浦航空港，改建城市道路，汉江治理	设施集中在城市郊区边缘相邻的两个体育中心	
1992年	二十五	巴塞罗那	新建改造4个赛区，改建奥林匹克中心体育场	新建两条公路，这两条线路连接四大比赛区；新建地铁连接市区与主体育场	奥运会设施分布于直径不超过10km的范围内的4个区，占地140～210hm^2，集中与分散结合	融入城市可持续发展建设阶段
1996年	二十六	亚特兰大	新建容纳85000人的奥林匹克体育馆	改善公共交通、商店配套设施和公园、人行道等公共空间	原址为亚特兰大勇敢者棒球队的旧主场，奥运会后该馆被改造成为新主场，其他设施分散布局	

续表

时间	届数	举办城市	体育设施建设	城市基础设施建设	规划布局特征	发展阶段
2000年	二十七	悉尼	城西北14km处的霍姆布什湾海边新建悉尼奥林匹克公园	新建高级公路和地铁	奥运场馆主要布局在四个比赛中心：悉尼奥林匹克公园、达灵港、悉尼东和悉尼西	融入城市可持续发展建设阶段
2004年	二十八	雅典	新建奥林匹克主体育中心，改造利用大量现有场馆设施	新建扩建多条地铁及轻轨	多个赛区分散布局，以完善的轨道交通体系进行联系	
2008年	二十九	北京	新建奥林匹克体育公园和主体育场	扩建首都机场，新建多条地铁、高速公路，公共交通系统全面升级	集中式与分散式布局结合，形成"主中心＋次中心"的格局	

资料来源：作者根据各类期刊、文献及网站资料汇编。

参考文献

[1] Leonardo Beneyolo. History of Modern Architecture [M]. The MIT Press, 1985.

[2] 赵大壮. 北京奥林匹克建设规划研究 [D]. 北京：清华大学博士论文，1985.

[3] 郑时龄，陈易 主编. 世博会规划设计研究 [M]. 上海：同济大学出版社，2006：7.

[4] 同 [2]

[5] 许愁彦. 世界博览会150年历程回顾 [J]. 世界建筑，2000，11：21.

[6] 同 [2]

[7] 王路. 人·自然·技术——汉诺威2000年世博会建筑综述 [J]. 世界建筑，2000，11：22.

[8] 同 [5]

[9] 廖含文. 伦敦2012年奥运会场馆建设综述 [J]. 城市建筑. 2007，11：80.

[10] Integration-Strategy [R]. London，2002：3.

[11] EDAW. 英国伦敦下里亚谷地重建及奥运村总体规划 [J]. 景观建筑，2005，3：72.

[12] London wins 2012 Olympic bid-Official [EB/OL]. http://www.greenwichmeantime.com/.

第4章　重大节事影响下的城市形态演变维度

重大节事对城市形态产生影响涉及时间和空间两个维度。时间维度与节事相关，包括重大节事前期阶段和后续阶段；空间维度与城市相关，包括新城建设与旧区更新。本章通过案例分析，总结两个维度四个坐标的特征以及相应的建设策略。

4.1　时间维度

从时间维度来看，重大节事的举办可分为三部分：重大节事前期、重大节事期间、重大节事后期。在不同的时间段，重大节事对城市的影响特征不同。重大节事前期以集中建设为主，对城市形态的影响具有明显的显性特征；重大节事后期以后续利用和发展为主，对城市形态的影响具有显性和隐形双重特征；重大节事期间对城市的影响相对比较特殊，由于重大节事具有"短期性"，重大节事期间产生的超常规交通量、人流量对城市产生的影响是短暂的，这期间的需求一部分可通过采用节事期间的特殊管理来应对，而另一部分则应转化为前期建设的依据，对城市形态的实质性影响主要以集中建设的方式体现在重大节事前期阶段。因此，本章的研究分为两部分：重大节事前的集中建设期，重大节事后的后续发展期。

4.1.1　重大节事前——集中建设期

重大节事前期阶段是影响城市形态的关键性阶段，包括两方面的问题：建设时间的合理周期和建设策略的制定。

重大节事的举办一般需要提前申请，而申办周期关系到筹备建设时间的合理性（表4-1）。以奥运会为例，从获得主办权到奥运会开幕，时间间隔为6年。历届奥运会举办城市通常在获主办权之后，再开始着手进行相关设施建设。随着奥运会规模的不断扩大，所需体育比赛设施数量增多，相关城市基础设施建设量加重，这个时间间隔已明显不足，正如马丁·温默（Martin Wimmer）在《奥林匹克建筑》（1975）一书中所提到的，"鉴于奥运会所需的设施不断增多，对于即将到来的奥运会，6年（的准备时间）太短了，否则不能提供足够理想的设施……就现代奥林匹克运动会体育比赛项目所要求的场馆种类（数量）来说，至少提前8年确定主办城市是必要的"[1]。虽然这一建议并未在奥林匹克宪章中有所体现，但前车之鉴已经使许多城市意识到时间的重要性，并以各种方式延长准备的时间。1984年洛杉矶奥运会以空间范围的扩大换来了准备时间的缩短，以改造为主的原则实际上将奥运会的准备时间延续了几十年之久。汉城（首尔）将1986年亚运会的建设和1988年奥运会的建设衔接起来，至少提前8年开始了奥运会的准备工作。可见，建设周期的延长使重大节事建设投资集中的程度得到缓解，不仅使主办城市的财政压力减轻，并有利于城市在足够长的时间内逐步“消化”这些设施。

重大节事举办及申办时间表 **表 4-1**

重大节事类型	举办时间	举办间隔时间	申办时间(会前)	建设时间
奥运会	12～16天	4年	6～7年	宜>8年
亚运会	12～16天	4年	6年	6年
全运会	16天	4年	4～5年	4年
世博会	180天	2～8年(宜>5年)	<9年	宜5～8年
世界杯足球赛	30天	4年	6年	6年

资料来源：作者根据文献资料整理汇编。

从历届时间统计来看，世博会的举办间隔时间并不一致，长则7～8年，短则1～2年，其中举办最为频繁的是1982～1988年举办了5次。世博会的申办时间也有明确规定：正式提出申办要求不得早于设想中的世博会开幕日的前9年。显然，这一规定是针对有些城市筹备建设时期过长的现象制定的，目的是避免不确定因素的增加。不过，世博会尤其是专业博览会过于频繁地举办也会带来诸多问题，这是国际展览局各成员国所公认的。世博会的频繁举办，除了给其他参展国家带来不合理的经济负担外，世博会组织者在吸引参展国、参展者及资金来源等方面也会面临不少困难。对于参展的各国政府来说，由于东道主政府和主办者可能对此类活动的支持有限，参展不仅成为财政负担，同时会丧失投资收益。倘若世博会举办过于频繁，而且地理位置又十分靠近，这一问题就更加突出。

1992～1993年国际展览局进行的有关世博会未来发展的调查表明，95%以上的成员国认为在每两届展览会之间间隔五年时间是不够的，更何况在这五年间隔期内还会组织一些“许可”的专业博览会。然而，对于如何合理地控制时间间隔，各成员国的答复仍颇为分散。当然，为了保持世博会的生命力和价值，两届世博会之间需要有合适的间隔，这点是有共识的[2]。

可见，重大节事前期的建设时间应有合理的时间周期，建设时间不足或举办过于频繁，对建设质量、投资合理性都将产生负面影响；而对于重复举办重大节事的城市来说，过长的举办时间间隔，将给场馆改造和再利用带来负担，使重复举办的意义相对减弱。虽然节事建设时间周期的合理控制主要与节事的组织与申办有关，但也对城市建设阶段和城市形态演变产生影响，应当成为城市建设关注的问题。

重大节事前期阶段对城市形态的影响以显性为主，主要体现为大量的场馆设施建设和城市基础设施建设。例如：1990 年北京亚运会工程建设总投资为 21.85 亿元，其中场地建设 15 亿元，市政建设 5.6 亿元。亚运会比赛所需的 33 个场馆中，利用和改造原有设施共 13 处，新建体育设施共 20 处。另外，北京进行了大量的城市基础设施建设。为了保证亚运会期间北郊的交通顺畅，首先建设了奥林匹克中心和亚运村周围地区的“五路五桥”，全长 20 多公里，修路的同时还铺设了各种管线约 200 多公里。除此之外还建成了一批相关的交通设施，有全长 65km 的 15 条道路、7 座大型立交桥、6 座铁路公路立交桥、6 座大型环岛、12 座公路跨线桥、21 座公路地下通道、9 座人行过街天桥、3 座城市地下人行通道。另外，为解决北郊地区的雨污水排放，新建北郊污水处理厂[3]。这些建设不仅满足亚运会的需要，同时为地区的后续开发创造了条件。

重大节事举办的需求是前期建设的重要依据，建设标准的不足或过高，都将给城市带来问题。1970 年大阪世博会的参观人流量达 6420 万人次，场地曾多次达到饱和，以至于在后期不得不采取部分展馆轮流开放的对策来保证客流的疏导。与之相反，由于汉诺威世博会对参观人流总量的高估，最终导致经济上不能实现收支平衡[4]。笔者认为，从城市的角度来说，合理或适当偏低的建设标准有利于可持续发展。重大节事前期大规模的集中建设，既要考虑重大节事举办的需求，也要考虑城市的容量，否则会给城市发展带来负担。

4.1.2 重大节事后——后续发展期

由于重大节事的不同性质以及城市发展过程中的各种变化因素，导致节事后对城市的影响效应不同。根据节事后影响的持续方式和影响力的强弱，其特征基本可分为以下五种类型（定性而非定量）[5]（图 4-1）：A 节事后影响力继续上升；B 节事后影响力保持节事期间的水平；C 节事后影响力有所回落，但依然高于节事前；D 节事后影响力回落至节事前的水平；E 节事后影响力大幅回落，低于节事前的水平。从 A 到 E，其成功度逐步下降。A 表明，在节事举办后，它对城市的影响持续上升，甚至超过了节事举办期间。从时效上看，这类城市节事是最为成功的。而 E 表明节事对城市而言并没有起到真正持续有效的影响，因而没有达到举办重大节事的目的，是失败的节事。（在这五种类型中，B 和 D 的节事后影响与节事期间及节事前完全持平，但只是理论上的假设。）

可见，节事后效应存在持续方式和程度的差异，因此对城市的影响也相差甚远。具体来看，节事后的城市发展主要与两方面相关：设施的后续利用和周边地块的后续开发。这两方面都与前期的建设策略息息相关，并将极大地影响城市发展。

重大节事一旦结束，前期集中建设的所有设施立即面临如何有效后续利用的问题，尤其是投资巨大的场馆设施，节事后的闲置与高额的维护费用是其经济状况捉襟见肘的主要原因。可见，重大节事的前期投入不仅要考虑举办节事的需求，更与结束之后的利用状况有着千丝万缕的联系。重大节事举办期间的各种需求，无论是酒店、餐饮、娱乐，还是交通承载力、场馆利用率，甚至场馆内的坐席需求量，与举办之后的需求相比都不可同日而语，设施建设既要满足举办期间的需求，又要尽可能减少会后长期的浪费和闲置。对于节事主办城市而言，盲目地提高投资标准，或一味地缩减投资，都是不明智的，经营策略、规划理念、基础设施的建设都应当在理性务实的比较、权衡和分析基础上来确定。

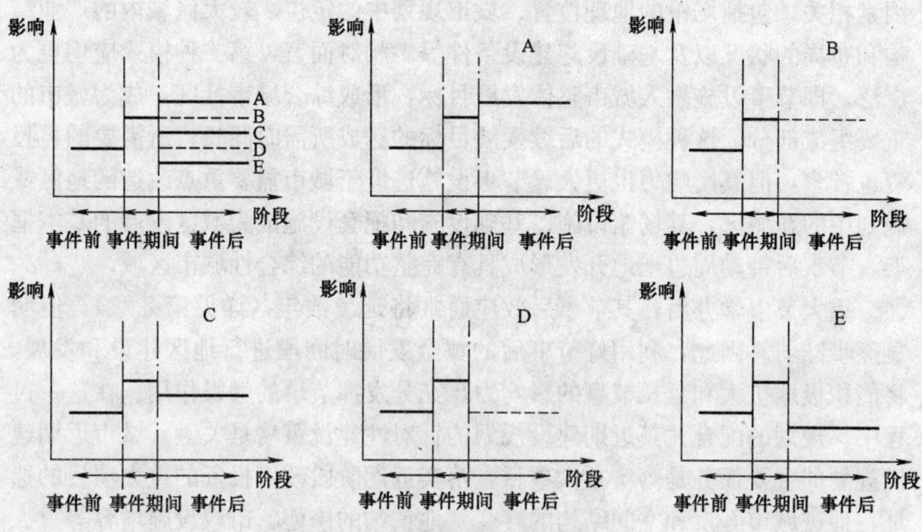

图 4-1　节事后效应的五种类型

资料来源：朱勍，胡晓华．大型城市项目规划建设对城市空间的影响——以上海世博会为例［J］．规划师，2006，11：17.

从长远发展的角度审视，重大节事相关设施的日常使用才是城市生活的正常内容，因此这类设施在节事后能否充分有效地为城市居民服务成为评价建设成功与否的重要标志。然而，充分考虑当地城市居民的实际使用需求与爱好，这一最重要的原则却在许多节事设施的建设中被忽略。以雅典奥运为例[6]。雅典为奥运会建设了两个超级棒球场和一个能够容纳 1.5 万人的跆拳道场馆，但这个耗资 2.3 亿欧元的奥运会公园赛后马上冷冷清清，因为希腊人不喜欢棒球，对跆拳道更是陌生；在希腊北部的沃罗斯，为奥运会比赛新建了一座能容纳 2.2 万人的足球场，但这里的居民却只有 8.5 万人，日常的足球比赛最多仅能吸引 2000 名观众，足球场的利用率可想而知。而在希腊另一个有 15 万人口的城市，那里的居民非常热爱足球，但奥运会时却没有兴建足球场和举办足球比赛。建设与实际需求的相悖，奥运会后一年，雅典仅仅为维护这些场馆而花费的资金就高达1亿欧元。

除设施的后续利用之外，周边地块的后续发展也是重大节事后应当给予关注的问题。利用节事设施带动地区的发展，通常有两种模式：以节事设施为核心功能形成产业基地，或将节事设施融入城市形成综合社区。保留大部分节事设施，将其发展成为某种产业基地或研究中心，这一模式在举办世博会的城市后续发展中应用较广。日本的主要科研中心、位于筑波的日本国家科技城，是由1985年筑波科技专业世界博览会园区发展成型；1992年西班牙塞维利亚斯世博会园区在会后成功转型为科技中心，世博会原址上已有160多个科技相关公司、科研单位和大学落户。当然，这一模式与许多重要因素相关，包括场馆的地理位置、城市规划中的定位、较大区域内的产业结构和布局的状况以及基础设施建设条件等。相对而言，第二种模式应用更为广泛，即节事设施融入城市整体发展目标，形成综合城市社区，成为城市的重要组成部分。这种模式的后续发展目标的达成所需时间长，所需要的再投资也较多，但其影响力也更大。节事设施选址于城市需要重点改造的地区或规划中的新城区，其场馆设施、基础设施和配套设施成为城区发展的基本框架，节事后带动周边土地开发形成具有完整功能的综合性城市区域。

重大节事举办后，其节事后效应通常将延续数年（详见第2章），但明显逐步减弱。因此，利用好节事后的黄金发展时间段进行地区建设和发展，将能积极地扩大和延长节事的影响力，充分发挥节事的触媒作用。在这一过程中，规划的配合尤其近期建设规划的针对性建设策略是关键。城市近期建设规划的主要任务是落实重大项目，落实近期阶段政府投资的重大项目的选址，促进城市开发和空间结构的转变。地铁站的修建、市政设施增容等重大项目的实施，都会引起周边地区的开发与再开发，但此类项目建设条件具有较大的不确定性，因此要对其开发的预期进行最有利的安排与判断，并提出必要的应对措施[7]。如果重大节事设施的后续利用以及周边地块的后续发展能被纳入城市近期建设规划，不仅能明确重大节事设施在地区发展中的定位和功能转换，通过制定更为详细的、更具体的重大节事后续利用计划使地段的发展策略更为明确，还能促使城市基础设施等其他周边地区的重点建设项目尽快得以落实。采取滚动方式编制城市近期建设规划，对重大节事的建设及进展状况能更为准确地进行实时跟踪。重大节事之后的一轮城市近期建设规划，应将重大节事的相关设施作为重要资源加以利用，继续完善该区的建设和发展，并充分利用节事效应和影响，积极发展邻近区域的建设。

在后续发展期中，对重大节事相关问题的研究和总结，与前期的可行性研究相比同样重要，甚至意义更为重大。然而，这一环节在实际发展过程中往往被忽视。学者罗奇（Roche）曾指出1991年世界大学生运动会的节事后期阶段缺乏必要的总结和专项研究：缺少节事期间相关数据的总结、缺少主要设施节事后清晰的使用计划等，同时指出节事后城市负债严重，节事后一年的政府经济报告受到广泛批评[8]。所以，重大节事后期应当对出现的问题进行详细总结，既是对前期决策的及时反馈，也将成为下一次节事前期决策的重要参考依据。

4.2 空间维度

当城市发展到一定阶段的时候，城市经济水平发展到较高的程度，而城市空间结构急需调整，重大节事的相关建设能为城市发展提供平台。具有良性触媒作用的重大节事能为城市的发展带来正面的推动作用，包括新城建设和旧区改造，对城市形态的影响相应地表现为形态的扩张与内敛。

4.2.1 新城建设——形态的扩张

通过重大节事的举办拓展城市空间、进行新城建设，主要是利用大量场馆和服务设施的建设带动城市边缘或城市郊区的开发，使城市结构有组织地向外扩张。当然，在实际案例中，对新城的带动作用与城市发展条件、重大节事性质以及建设策略有关。

一、汉城（首尔）奥运——功能单一的新城带来城市问题

1988年第二十四届汉城（首尔）奥运会，是希望通过重大节事拓展城市空间的典型案例。汉城（首尔）旧城区主要在汉江以北，而奥运的大量体育设施都设置在汉江以南，加上大批运动员村、公寓和新闻中心的建设，奥运会的确在短时间内创造了一个全新的汉城（首尔）新区，汉城（首尔）实现了多中心的城市结构（图4-2）。

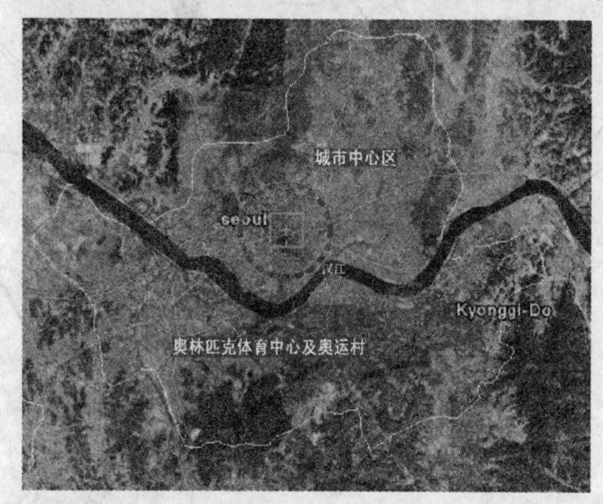

图4-2 汉城（首尔）奥运设施布局在远离市中心的汉江以南

资料来源：作者根据 Google Earth 图绘制

然而，汉城（首尔）的新城在发展过程中，由于城市职能与产业结构难以协调，新城除了居住功能之外，其他城市功能未能得以发展，使得新城最终发展成为仅仅用于居住的卫星城，并出现了城市功能单一、交通负担严重等城市问题。新城的居民重新回到城市旧城中心，造成了新旧城之间每天200万的交通量，使得城市中交通负担加重，出现了巨大的混乱[9]（图4-3）。

因此，利用重大节事的契机进行新城建设、实现城市空间拓展，除了大

图 4-3　奥运村在新城形成过程中具有积极和消极的双重影响

资料来源：网站

规模的必要的设施建设之外，更重要的是为新城寻求合理的功能定位，以新城的自给自足为发展目标，实现居住与产业平衡，才能实现新城的可持续发展。

二、广岛亚运——基础设施建设是新城发展的关键支撑

20 世纪 60 年代广岛曾提出多心型城市构想，在逐步实现的过程中，1994 年亚运会的举办和设施建设促进了广岛市副中心，西部丘陵地区——“广岛西风新都”的形成（图 4-4）。

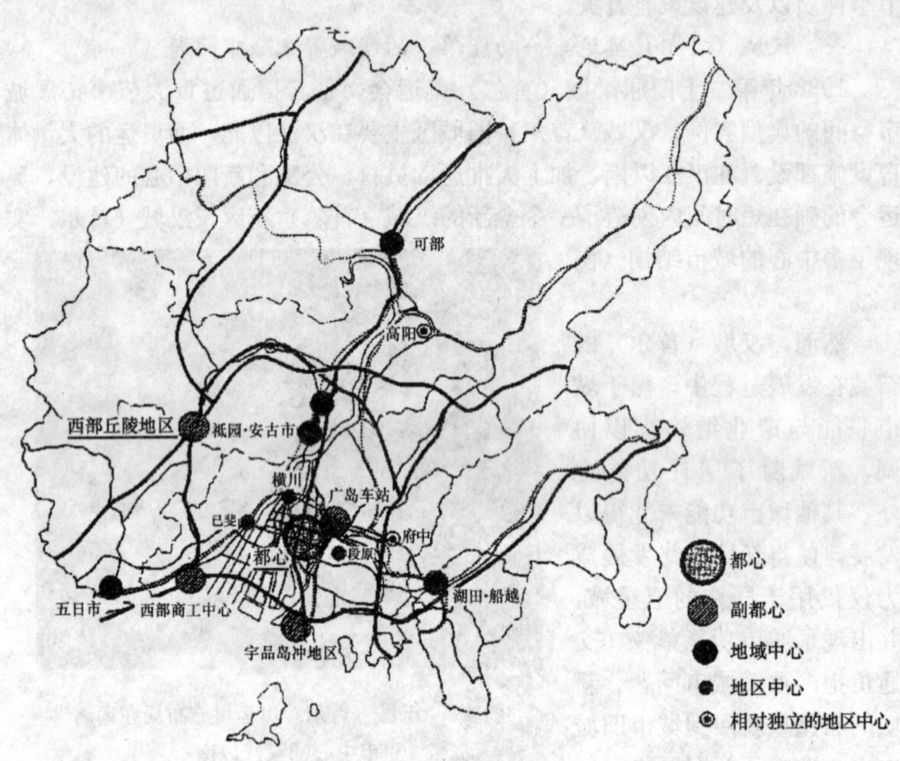

图 4-4　广岛多心型城市构想

资料来源：胡宝哲，沈振江．第 12 届亚运会体育设施建设与广岛市城市发展 [J]．建筑学报．1995，3：57.

广岛西风新都是广岛最大规模的复合新城，总面积约达 $500hm^2$，距广岛市中心约 5～10km。亚运会主会场广域公园位于“广岛西风新都”的几何中心，包括各类体育设施的建设：辅助竞技场、第 1 球技场、第 2 球技场、网球场等。亚运会主会场陆上竞技场的建设，对西部丘陵副中心的形成也具有十分重要的意义。主会场东侧的亚运村，属于“广岛西风新都”的“大冢业务地区”，内设 31 层高度 100m 以上超高层大楼 2 栋，1000 户集合住宅 16 栋，赛后通过广岛市政府的“绿地住宅制度”向社会出售，逐步转化为成熟的城市社区[10]。

值得一提的是，为加强“广岛西风新都”与城市中心的交通联系，总体规划上提出了“新交通体系”的构想。新型的轨道式公共交通系统，首次采用了速度快、噪声小的橡胶轮轨，联系城市中心的体育设施与新城的主会场，赛时是观众的主要公共交通手段，赛后将继续承担新老城的居民通行功能。以亚运会体育设施与新交通体系的建设为重点，及时考虑住宅供给，吸引人口，并加强和周围企业地区的有机联系，创造更多的就业机会，这样的发展策略大大促进了“广岛西风新都”的形成，使广岛整体城市发展架构逐渐形成（图 4-5）。

图 4-5 “广岛西风新都”中心区规划

资料来源：http://www.business.econ.city.hiroshima.jp/chinese

广岛亚运会的举办过程中，除了本身所需的大量场馆和亚运村的建设之外，城市基础设施的建设对城市空间架构的形成和完善，具有更为重大的意义。亚运会之后的新城发展，不仅需要依托亚运会留下的场馆和亚运村，更需要合理的产业结构和完善的城市基础设施，这才是新城可持续发展的坚实基础。

三、以重大节事为触媒的新城建设与发展原则

从汉城（首尔）和广岛的案例可以看到，重大节事与新城的发展并不总是能够相得益彰，其过程需要理性、科学的城市发展决策和具有前瞻性的规划定位。通过重大节事的相关建设，不仅使城市空间得到拓展，还要使城市职能适当转移，新城才能真正实现城市结构的良性发展。另外，由于节事设施远离城市中心，一般能够促使快速轨道交通等设施的同步建设，具有“调整均匀蔓延的城市形态并使之向以交通线为依托的带型城市转化”的潜力，或者形成自给自足的卫星城，这一模式适用于面临发展压力，需要有机疏散内部快速增长的人口的发展中城市[11]。但同时也可能存在负面影响，比如：侵占过多的耕地或自然绿地，增加基础设施的开发费用，加速城市蔓延等。

总的来说，以重大节事为触媒的新城发展原则主要体现为两方面：一方面，功能定位应利用和扩大重大节事的效应，并与城市中心优势互补；另一方面，重大节事建设的公共服务设施和交通体系将成为新城后续发展的关键支撑。

4.2.2 旧区更新——形态的内敛

重大节事不仅能够促进城市新区的开发，推进城市空间的拓展，还能够振兴城市衰落地区，为旧区注入新的城市活力，或延续原有地区的发展动力，促进该区的更长远发展，并促使城市形态呈内敛态势发展。

一、里斯本案例——复兴衰落地区

里斯本世博会场址位于城市东部地区的塔格斯（Tagus）河畔。长期以来，这一地区始终处于遗弃和衰败之中，分布着各类污染和危险设施，包括炼油场和储油灌、废弃集装箱的堆场、设施简陋的屠宰场、军火堆场和垃圾堆场（图 4-6）。政府决定设置 330hm^2 的城市重建地区（Urban Development Area），利用滨水环境的潜在开发价值，以世博会为动力，使这一地区的交通条件、基础设施和环境品质发生根本性改善，达到欧洲其他首都城市的同等水准，形成里斯本的经济增长极核之一。为了满足世博会的要求和促进重建

图 4-6 里斯本世博会选址城市荒废旧区（1992 年）

资料来源：http://web.mit.edu/uis/people/pfa/thesis

地区的持续发展，制定了区域交通网络的改善计划，包括兴建跨河大桥、公路、铁路和地铁，建立与区域公路网络和里斯本城市交通网络之间的便捷联系，特别是在世博会场址建设多种交通方式的转换枢纽，提高区域交通网络的整体运输效率[12]。世博会后，保留的核心区域逐步成为里斯本的公共活动中心（图 4-7），大量的跨国公司入驻，大型购物中心等服务设施建成，2009 年该地区的城市复兴计划已基本完成，形成居住、商务办公河休闲融为一体的综合功能地区。

图 4-7　里斯本世博会后该区成为城市滨水核心区（1998 年）

资料来源：http://www.4321.co.il

实现地区复兴，改造更新的动力无疑非常重要。大量的案例显示，重大节事成为许多城市进行衰落地区复兴的动力，足以推动该地区在短时期内被纳入城市复兴计划并成功实现其复兴。当然，地区实现实质性的复兴，除了足够的改造动力之外，还需要城市基础设施、交通条件等一系列条件的改善，以配合该地区长久的发展需求。

二、汉诺威案例——延续地区发展

汉诺威世博会场址的用地面积为 160hm^2，其中包括德国展览股份公司的 90hm^2 用地和近 50 万 m^2 展馆。实际上，原有的汉诺威世博会场址内有许多大体量的、不统一的展览建筑而比较凌乱，难于协调。因此，规划的重点在于如何使这些世博会展览建筑得到可持续发展的利用，将已建成的建筑和基础设施作为资源和发展机遇加以利用。

总体规划的核心是将现有地段重新加以组织，从 1994～1999 年，新建了 4 号、8～9 号、14 号和 26 号大厅，并对 11 号、12 号和 25 号大厅进行了扩建[13]（图 4-8）。通过统一的林荫大道和外部开敞空间的设计，整体空间形态得到了有效改善。世博会场址被主要道路分为东西两个部分，道路西侧的德国展览股份公司用地分为三个区域，东部地带作为主题展馆区域，中部地带作为租用展馆区域，都是利用德国展览股份公司的既有展馆设施，西部地带是自建临时展馆区域，会后将被拆除。道路东侧部分将在世博会以后形成独立的园区，北端是世博广场区域，其余作为自建展馆区域，鼓励各国展馆的后续使用[14]。

汉诺威世博会场址的 2/3 是德国展览股份公司的展会设施，世博会以后仍然作为展会用途。因此，这一次世博会最直接的影响是使世界上规模最大的展会中心得到充实和完善，从而进一步增强汉诺威作为世界展会城市的知名度和竞争力，世博园区的后续发展为汉诺威的经济发展提供了新的动力。

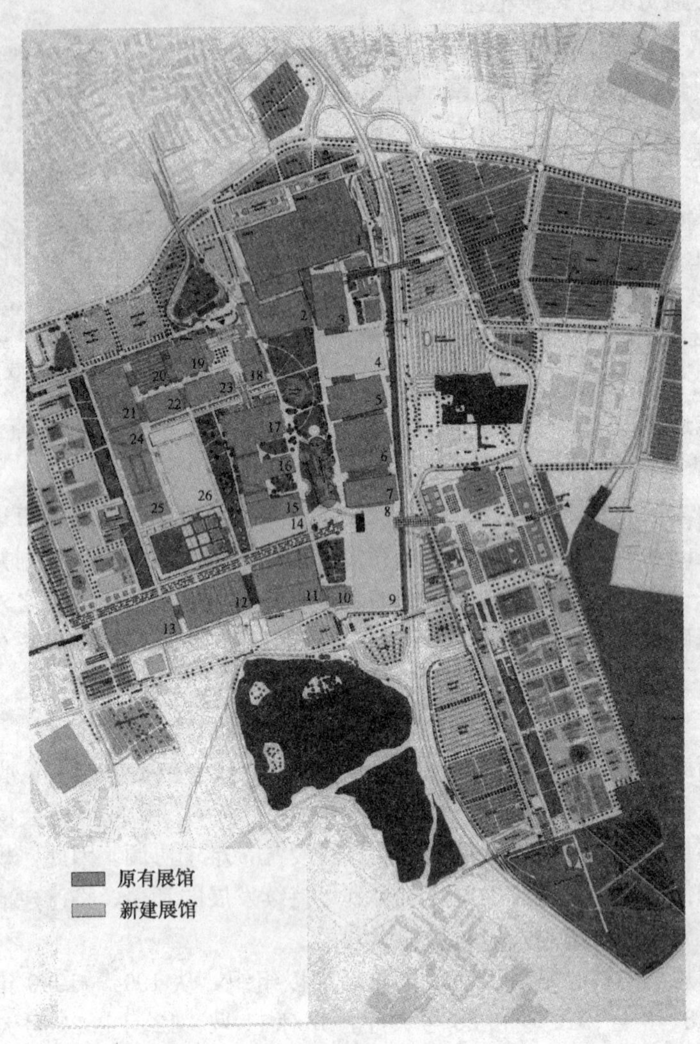

图 4-8　汉诺威世博会在原有展馆基础上扩建

资料来源：阿尔伯特·施拜尔，弗兰克霍夫.2000 年汉诺威世界博览会总体规划 [J]. 世界建筑，2000，11：18.

利用原有地区和设施基础举办重大节事，将有利于缓解重大节事给城市带来的建设压力，同时有利于后续利用的实施，是最为节省资源的一种方式。通过不同节事的举办，能使该地区的设施和环境条件不断得到改善，最终逐步形成城市中持续增长的发展地区。

三、以重大节事为触媒的旧区更新与发展原则

可见，重大节事与城市旧区的更新与发展结合，有两种不同的方式：复兴衰落地区与延续地区发展，其实质都是通过重大节事促进城市旧区重构和更新，有利于对原有城市空间格局进行梳理和调整，有助于将人口和经济活动引向内城促进衰落地区复兴，赋予城市新的文化内涵和空间特征，提高城市建设密度，并由此抑制郊区化和城市蔓延。当然，这一模式也可能存在负面影响，例如：旧城土地征用的费用高、程序复杂，新的建设开发容易对传统街区产生破坏，原有基础设施的滞后可能给建设和组织工作带来困难等。

因此，以重大节事为触媒的旧城更新原则主要体现为三方面：(1) 改善原有城市基础设施；(2) 改善原有城市环境品质，强化原有空间特征；(3) 利用城市现有设施资源，加强与城市中心区的联系。

4.3 维度特征总结及其建设策略分析

重大节事影响下的城市形态演变维度包括：时间维度和空间维度。

1. 时间维度的特征

(1) 重大节事前集中建设期一般为 4～8 年，对城市形态的影响以显性为主要特征，体现为大量的场馆设施建设和城市基础设施建设；(2) 重大节事前期建设时间不足或举办过于频繁，对建设质量、投资合理性将产生负面影响；过长的举办时间间隔，将给场馆改造和再利用带来负担，使重复举办的意义相对减弱；(3) 城市的后续发展主要与两方面相关：设施的后续利用和周边地块的后续开发，对城市形态的影响具有显性和隐形双重特征。

建设策略：(1) 重大节事前应详细进行经济、规划、建设等各方面的可行性研究，节事期间的需求和节事后续利用是大规模集中建设的重要依据；(2) 后续发展应积极考虑场馆的再利用和周边地块的联动开发，并应纳入近期建设规划中；(3) 节事后续发展期应当对出现的问题进行详细总结，节事后评价既是对前期决策的及时反馈，也是下一次节事前期决策的重要参考依据。

2. 空间维度的特征

(1) 重大节事因为具有“特殊性”，政府的政策支持能够使其成为新城建设和旧区更新的触媒，并分别促使城市形态的扩张与内敛；(2) 重大节事带动新城建设，不仅使城市空间得到拓展，还要使城市职能适当转移，新城才能真正实现城市结构的良性发展；(3) 重大节事对旧区更新的意义在于梳理和调整，有助于将人口和经济活动引向内城促进衰落地区复兴，抑制郊区化和城市蔓延。

建设策略：(1) 以重大节事带动新城发展，应以公共服务设施和交通体系为先导，新城的功能定位应利用和扩大重大节事的效应，并与城市中心优

势互补；（2）利用重大节事进行旧城更新，应着重改善原有城市基础设施和原有城市环境品质，以新功能复兴衰落地区，或发展原有功能延续地区发展。

本章小结

重大节事对城市形态产生影响涉及时间和空间两个维度。时间维度与节事相关，包括重大节事前期阶段和后续阶段；空间维度与城市相关，包括新城建设与旧区更新。本章通过案例分析，总结两个维度四个坐标的特征以及相应的建设策略。

重大节事前期阶段是影响城市形态的关键性阶段，大量的场馆设施建设和城市基础设施建设对城市形态产生显性的影响。大规模的集中建设，既要考虑重大节事举办的需求，也要考虑城市的容量，合理或适当偏低的建设标准有利于可持续发展。重大节事前期的建设时间应有合理的时间周期，建设时间不足或举办过于频繁，对建设质量、投资合理性都将产生负面影响；而对于重复举办重大节事的城市来说，过长的举办时间间隔，将给场馆改造和再利用带来负担，使重复举办的意义相对减弱。虽然节事建设时间周期的合理控制主要与节事的组织与申办有关，但也对城市建设阶段和城市形态演变产生影响，应当成为城市建设关注的问题。

重大节事后对城市的影响持续上升甚至超过节事举办期间，是后续发展阶段的目标。节事后续发展主要与两方面相关：设施的后续利用和周边地块的后续开发。设施的后续利用，以节事后能否充分有效地为城市居民服务为标准；周边地块的后续开发则要利用好节事后的黄金发展时间段进行建设和发展，关键在于规划的配合尤其近期建设规划的针对性建设策略。重大节事之后的一轮城市近期建设规划，应将重大节事的相关设施作为重要资源加以利用，继续完善该区的建设和发展，并充分利用节事效应和影响，积极发展邻近区域的建设。

重大节事选址新城，能够对新城建设产生触媒作用，从而拓展城市空间，促使形态向外扩张。通过对汉城（首尔）奥运和广岛亚运案例的分析，总结以重大节事为触媒的新城发展原则主要体现为两方面：（1）功能单一的新城会带来城市问题，合理的功能定位应利用和扩大重大节事的效应，并与城市中心优势互补；（2）重大节事建设的公共服务设施和交通体系将成为新城后续发展的关键支撑。节事后的新城发展，不仅需要依托节事留下的场馆，更需要合理的产业结构和完善的城市基础设施，这才是新城可持续发展的坚实基础。

重大节事选址旧区，能够促进城市旧区重构和更新，有利于对原有城市空间格局进行梳理和调整，有助于将人口和经济活动引向内城促进衰落地区复兴，由此抑制郊区化和城市蔓延。通过分析里斯本和汉诺威世博会，总结出重大节事与城市旧区结合的两种方式：复兴衰落地区与延续地区发展，其原则应该包括：（1）改善原有城市基础设施；（2）改善原有城市环境品质，强化原有空间特征；（3）利用城市现有设施资源，加强与城市中心区的联系。

参考文献

[1] Martin Wimmer. Olympic Buildings [M]. 1975：72.

[2] 周玉红. 世博会举办频率思考 [DB/OL]. http://www.istis.sh.cn，2004-6-24.

[3] 马国馨. 体育建筑论稿——从亚运到奥运 [M]. 天津：天津大学出版社，2007：117.

[4] 朱嵘. 基于世博会人流组织的规划用地构成与策略 [J]. 规划师，2006，7：44.

[5] 朱勍，胡晓华. 大型城市项目规划建设对城市空间的影响—以上海世博会为例 [J]. 规划师，2006，11：17.

[6] 金汕. 重视后奥运体育场馆的利用 [J]. 北京社会科学，2006，4：87.

[7] 全国城市规划执业制度管理委员会. 科学发展观与城市规划 [M]. 北京：中国计划出版社，2007：140.

[8] Maurice Roche. Mega-Events，Olympic Games and the World Student Games 1991-Understanding the Impacts and Information Needs of Major Sports Events [R]. UMIST Manchester：SPRIG Conference，1st May 2001.

[9] 北京 2008 的规划和发展 [EB/OL]. http://www.moways.com.sg，2004-4.

[10] 胡宝哲，沈振江. 第 12 届亚运会体育设施建设与广岛市城市发展 [J]. 建筑学报. 1995，3：56-59.

[11] 廖含文，大卫艾萨克. 奥运会城市重构 [J]. 城市建筑，2007，11：14.

[12] 郑时龄，陈易 主编. 世博会规划设计研究 [M]. 同济大学出版社，2006：46.

[13] 阿尔伯特·施拜尔，弗兰克霍夫. 2000 年汉诺威世界博览会总体规划 [J]. 世界建筑，2000，11：17.

[14] 唐子来. 朱戈宇. 世界博览会的经典案例研究之四：2000 年汉诺威世博会 [J]. 城市规划汇刊，2004，4：49-52.

第 5 章　重大节事影响下的城市形态演变要素

重大节事的建设对城市形态产生多方面的影响，其中主要与三个要素的关联最为密切：节事设施的空间布局、城市土地利用、城市基础设施。本章将结合具体的实例研究，对这三个因素进行剖析与研究，探讨其中积极与消极的方面，从总体把握城市形态在重大节事的影响下产生哪些变化，以及如何进行控制和利用。

5.1　节事设施的空间布局

5.1.1　布局模式及其形态特征

纵观重大节事相关的场馆规划布局模式，尤其是大型体育赛事的场馆建设，并无单一的布局模式可循，不同国家、城市和地区所采用的方式各不相同，这与当时当地的城市发展状况和具体条件有关。以奥运会场馆建设为例，若以“集中式”、“分散式”对其布局模式简单进行分类，则会发现二次大战以后的建设模式，既没有一个以“完全集中”的方式进行的先例，也没有一个按“完全分散”进行的榜样[1]。即便是以“集中式”建设奥林匹克中心的城市，一般在城市其他地方也分布有奥运比赛设施；而类似“分散式”布局奥运比赛设施的城市，也仍存在相对集中的奥运社区中心。因此，单纯以“集中式”或“分散式”进行分类并不科学。另外，对于划分“集中”或“分散”的依据，不同学者也有不同看法，以奥运会的比赛项目地点为依据和以主要相关设施的建设为依据代表两种不同的观念。基于本书主要的研究对象是城市形态，与重大节事相关设施的建设联系紧密，因此本书采用了后者，即以奥运会的主要相关设施建设是否集中或分散作为类型划分的依据，并考虑设施建设形成的中心数量和规模。总结历届奥运会的主要设施建设模式，大致可归纳为以下三种类型：分散式、“单中心”集群式、“多中心”集群式（图 5-1）。世博会的会场布局模式大多属于“单中心”模式，绝大部分的展馆都集中建设形成会展区。因此，这三种类型基本可以概括各类重大节事设施的布局模式。本章将以奥运会为例进行具体分析。

一、分散式

由于特殊因素的影响，场馆设施均匀分布于城市内部，并未建设明确定义的奥运会主中心，属于分散式的布局模式。1948 年伦敦奥运会、1968 年墨西哥城奥运会、1932 年和 1984 年洛杉矶奥运会，其场馆设施布局都采用了分散式。

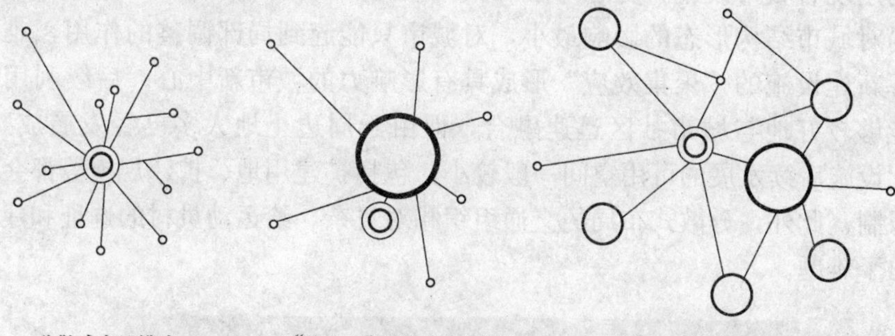

图 5-1 历届奥运会的三种设施布局模式
资料来源：作者自绘

体育场馆 运动员村 体育中心

1948 年伦敦举办奥运会，由于战争之后的经济状况紧张，没有新建任何场馆，而是改造了一批现有场馆，包括 1923 年建成的温布利体育场（Wembley Stadium）、1934 年建成的帝国游泳馆和 1937 年建成的伯爵体育馆（Earls Court）等。虽然这些建筑大多在后来的城市改造中被拆除，这届奥运会的设施建设对城市影响极为有限，但它开创了在奥运规划中改造利用现有体育设施的先河[2]。

1984 年洛杉矶奥运会的设施布局之所以采用分散式局部模式，也是基于经济状况的选择。1976 年蒙特利尔奥运会的财政大亏空，使洛杉矶在没有竞争对手的情况下获得奥运会的主办权。但由于对奥运会经济运营缺乏信心，1978 年洛杉矶市所在的加利福尼亚州在公民投票中通过了一项不准动用公共资金举办奥运会的法律修正案，因此洛杉矶奥运会首次采用由私营企业承办的方式举办，并且为了节省成本，洛杉矶奥组委决定充分利用现有资源，尽可能少地新建体育场馆[3]。由于洛杉矶及附近城市已经具有比较完备的体育设施，以及该届奥运会的私人承办性质，最终洛杉矶为奥运会仅新建了游泳馆、自行车赛车场、射击场三个场馆，按奥运会的比赛要求对一些场馆设施进行了维修、更新和扩建，奥运会主体育场就是 1932 年洛杉矶首次举办奥运会时的纪念体育场（图 5-2）。所有设施分布在城市 400 平方英里范围内，与人口分布密度相协调。客观地说，1984 年洛杉矶奥运会不仅是分散布局的典范，而且是尝试新观念、并取得成功的典范。

分散式的布局模式相对于“单中心”的布局模式而言，不仅能有效减少单个大规模体育中心建设的经济和时间压力，而且有利于缓解城市交通负荷；另外，分散式布局一般占用城市土地资源较少，配置灵活，便于充分利用现有城市设施，更容易融入城市空间发展的架构之中。不过，这种布局对城市结构形态的影响最小，对城市只能起到局部调整的作用，难以发挥新建设施的“聚集效应”形成具有影响力的城市新中心；后续利用虽然能够较好地与城市社区迅速融合，但由于周边土地大多已经发展成熟，因此设施后续发展的可用空间一般较小，包括扩建用地、扩建规模等都会受到限制；此外，分散式布局的交通组织相对复杂，给运动员村的选址和建设提出了难题。

图 5-2　1984 年洛杉矶奥运会主体育场由 1932 年奥运会主体育场改造而成，未新建大规模的体育中心

资料来源：作者根据 Google Earth 图绘制

二、“单中心”集群式

“单中心”集群式的布局模式，其特点是将大部分的体育设施集中建设，并形成大规模奥林匹克中心，其他设施则分散分布于城市内部。1936 年柏林奥运会、1952 年赫尔辛基奥运会、1972 年慕尼黑奥运会和 1976 年蒙特利尔奥运会都是“单中心”集群式的典型代表。

慕尼黑获得 1972 年第二十届奥运会的举办权后，筹委会花了 6 亿多美元，兴建了慕尼黑奥林匹克体育公园，其中包括可容 8 万观众的运动场、可供 1.5 万名运动员住宿的奥运村、1 万坐席的游泳馆和 1.3 万座位的赛车场等（图 5-3）。

为举办 1976 年第二十一届奥运会，蒙特利尔的梅宗纳夫公园内修建了规模巨大的梅宗纳夫奥林匹克体育中心，占地面积 750 亩，包括奥林匹克体育场、奥运村、自行车馆、游泳馆、小体育馆、练习馆、训练馆、田径场和停车场等，奥林匹克体育场能容纳 71920 名观众（图 5-4）。

图 5-3　1972 年慕尼黑新建奥林匹克公园

资料来源：作者根据 Google Earth 图绘制

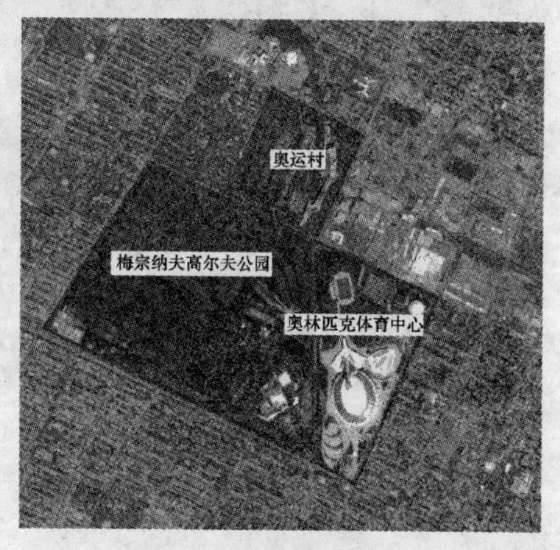

图 5-4　1976 年蒙特利尔为奥运会新建大规模奥林匹克体育中心

资料来源：作者根据 Google Earth 图绘制

“单中心”的模式，能够高效地满足建设、组织、管理和比赛要求，赛后能为城市提供大规模的公共空间，为城市旅游提供强有力的吸引点。然而，“单中心”相应带来的短期建设、赛时交通和赛后利用这三方面的问题却是难以避免的。首先，以“单中心”的模式建设大规模奥林匹克中心，短期内巨大的资金投入将给城市带来经济压力之外，还缺乏必要的建设反馈调整，城市各部分的发展是否相互协调适应难以验证。其次，赛时大规模的观众流从城市各部分涌向中心，给城市交通带来的巨大压力，体育中心本身的集散和交通组织也异常复杂。第三，大规模的体育场馆赛后应转化为城市日常使用的设施，促使短期的巨大投入转化为城市长远的资源，但“单中心”的布局给城市居民的再利用带来了空间上的局限，同时给经营管理也带来问题。因此，蒙特利尔奥运会之后的经济衰退，使“单中心”模式和新建大规模体育中心的做法遭到质疑。

三、“多中心”集群式

如果设施的建设既有相对集中的部分，同时又有相对均衡的分散区域，则属于“多中心”集群式布局，其特点在于大部分的场馆相对集中地位于多个城市组团内。实际上，在慕尼黑奥运会之前，东京、罗马已经开始尝试“多中心”的布局模式。1980 年莫斯科奥运会，尽管一半以上的比赛项目在列宁运动场进行，但莫斯科的奥林匹克建设主要在其他的几个奥林匹克中心内进行，也属于“多中心”的类型。1992 年巴塞罗那奥运会和即将举办的 2012 年伦敦奥运会，都是“多中心”集群式布局的典范。

1960 年罗马奥运会首次出现两个奥林匹克中心，是“多中心”模式出

图 5-5　罗马北部的奥林匹克体育中心
资料来源：《建筑创作》杂志社主编. 建筑师看奥林匹克［M］. 北京：机械工业出版社，2004：78.

现和发展的起点。罗马城市南、北部分别建设了奥林匹克中心，奈尔维设计的大、小体育馆分别成为两个区域的焦点。在城市北部，奥林匹克中心包括了奥林匹克体育场、大理石体育场、弗拉明里奥体育场、弗罗一意塔里科室外游泳池和游泳馆、阿克瓦切特扎体育中心和射击场，另外还有小体育宫和奥运村（图 5-5）。南部奥林匹克中心，以 EUR 区为中心，基本在 1937 年规划的骨架上展开。其中的体育设施包括大体育馆、自由车赛车场、“玫瑰”游泳池和多用途体育中心[4]（图 5-6）。

图 5-6　罗马西南部 EUR 区奥林匹克体育中心
资料来源：《建筑创作》杂志社主编. 建筑师看奥林匹克［M］. 北京：机械工业出版社，2004：79.

1980 年莫斯科奥运会时值城市总体规划确定城市结构逐步向多中心结构转变，因此设施的布局大致形成 6 个中心，这些中心与城市规划分区基本对应，分别形成各区的绿化中心、旅游中心、水上中心、运动中心等，这种分散的多中心布局不仅使体育设施的分布更为合理，而且为奥运会后城市居民的日常使用创造了条件[5]（图 5-7）。

1992 年巴塞罗那奥运会结合城市自身条件和特点，进行了“因地制宜”的规划与布局，将“多中心”的布局模式发展至更大的城市区域范围。巴塞罗那是个拥有 100 多万人口的中等规模城市，城区面积为 91km²，要使其城市容量和基础设施满足奥运会的要求，必须借助于其周围的卫星城和相邻城市来承担一部分比赛场馆的压力。因此，巴塞罗那为奥运会进行的 42 个比赛场馆和 76 个训练场馆的规划，其原则是：占地面积小的比赛项目尽可能安排在市区以及附近，而把占地面积大的项目安排到巴塞罗那以外的城市或卫星城[6]。其中，27 个场馆分别位于巴塞罗那的城市赛区，而其他 15 个比赛场馆都安排在外围赛区。城市又形成两个层次：1 个主赛区和 3 个分赛区，分别位于城市的 4 个不同区域，使场馆分布相对均衡，这样有利于场馆的赛后利用（图 5-8）。主赛区不仅包括奥林匹克主体育场、游泳馆、体育馆等比赛场馆，还有奥林匹克主火炬、主新闻中心、国际广播中心以及奥林匹克环路等主要服务设施和基础设施，是真正意义上的主中心。而其他分赛区和外围赛区，从比赛项目、比赛场馆的数量和重要程度来看，则相对均衡，奥运村、记者村、酒店也都分散布局，形成多个次中心的格局。赛区之间由一条环城大道和一条对角线大道连接起来，这样既解决了赛时的交通联系，又将赛时的各项活动对城市的正常生活影响程度降到最低。

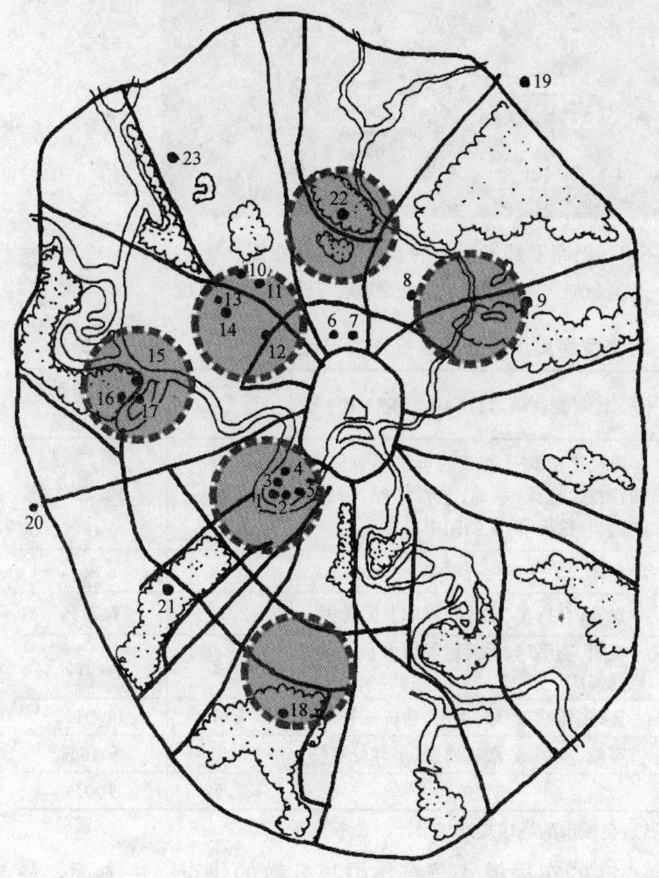

莫斯科西南区：
1 列宁体育场大体育场
2 列宁体育场体育馆
3 列宁体育场小体育馆
4 列宁体育场游泳场
5 列宁体育场友谊体育馆
21 奥运村

莫斯科北区（和平大街）：
6 奥林匹克中心室内体育场
7 奥林匹克中心游泳馆
22 奥林匹克广播电视中心

莫斯科东区、东北区：
8 索柯尔尼克体育馆
9 伊兹玛依洛沃体育馆
19 迪纳莫射击场

莫斯科西北区：
10 迪纳莫中央体育馆
11 迪纳莫小体育场
12 少年先锋体育场
13 全军中央体育俱乐部体育中心
14 全军中央体育俱乐部体育宫
23 拉伏奇金大街迪纳莫体育宫

莫斯科西区：
15 克留拉茨柯射箭场
16 克留拉茨柯划船运河
17 克留拉茨柯赛车场
20 明斯克大街

莫斯科南区：
18 皮采夫马术中心

图 5-7　1980 年莫斯科奥运会的比赛场地分布图

资料来源：作者根据《体育建筑论稿——从亚运到奥运》：112 改绘

从巴塞罗那奥运会各赛区投资情况比较分析，作为主中心的蒙杰伊克区，其投资比重仅为第二，而由于涉及到城市滨水区域的改造与更新，帕克迪马区的投资额最高，比重高达57.67%（表5-1）。从奥运会后的再利用来看，帕克迪马区也是最受市民和旅游者欢迎的地区，并且容纳大量的城市活动，成为城市不可分割的部分（图5-9、图5-10）。可见，主中心与次中心所容纳的比赛项目数量上的差别并不一定直接对应两者的投资和建设强度，城市的现状条件和赛后发展需求应当被充分考虑，使奥运投资直接对应城市的长远需求。

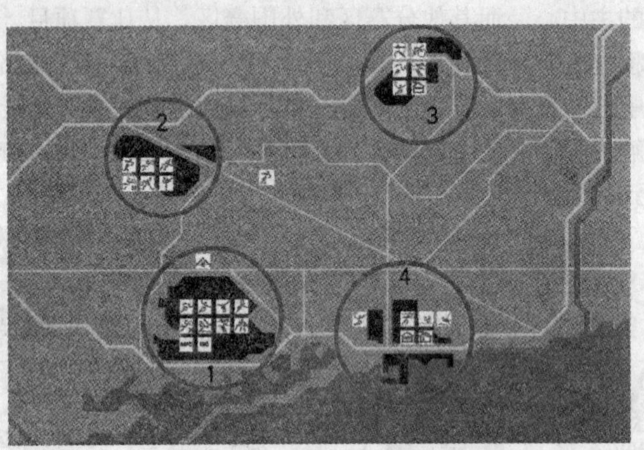

图5-8　巴塞罗那奥运会的4个赛区分布图

资料来源：作者根据《奥运会城市的场馆规划与设计》：76改绘

巴塞罗那奥运会各赛区投资情况比较　　**表5-1**

序号	赛　区	比　赛　项　目　及　场　馆	投资额（亿美元）	占赛区总投资额的比重
1	蒙杰伊克区	田径比赛及开幕式的奥林匹克体育场,游泳、排球、手球、艺术体操、摔跤、击剑、马拉松等,主新闻中心等	4.44	16.13%
2	对角线区	足球、马术、现代五项等	0.54	1.96%
3	沃迪布朗区	射箭、自行车、排球和网球及记者村	2.13	7.74%
4	帕克迪马区	帆船、羽毛球、乒乓球等以及奥运村、总部饭店	15.87	57.67%
5	外围赛场及住宅	篮球、棒球、手球、射击、曲棍球等	3.03	11.01%
6	其他外围赛场	赛艇、皮划艇、激流回旋、足球分赛场	1.51	5.49%
	总计		27.52	100%

资料来源：作者根据《奥运会城市的场馆规划与设计》参考整理。

总的来说，“多中心”的布局模式兼有集中与分散的优点。一方面，核心区域和主要服务设施相对集中，建设、组织、管理相对方便，并且能够形成城市的特色区域；另一方面，其他设施的相对分散，能够缓解核心区域和城市交通的压力，并有利于赛后的城市再利用。多个次中心与主中心均衡地分布在城市之中，与城市的其他部分互相交融，形成有机整体的城市架构网络，能更好的实现城市整体发展。值得一提的是，这一模式需要对城市基础设施建设给予更多的重视，使主中心与次中心、多个次中心之间能够产生高效的联系，并延续到赛后的城市发展中。

图 5-9　建设中的帕克迪马区（1990）

资料来源：Joan Busquets. BARCELONA——the urban evolution of a compact city [M]. Harvard University Graduate School of Design，2005：396.

随着奥运会规模的进一步扩大和城市可持续发展观念的引导，越来越多的城市选择“多中心”的布局规划模式进行奥林匹克建设。这种模式有利于在奥运会后形成多中心、分散集中式（Decentralised Con-centration）的城市格局，这是一种被认为比较节能的城市形态[7]。当然，具体的布局方式应当与城市的具体条件和特色相结合，才能科学、合理地制定出符合城市发展要求的规划，而不应固定僵化地套用。

图 5-10　改造更新后的帕克迪马区（1991）

资料来源：Joan Busquets. BARCELONA——the urban evolution of a compact city [M]. Harvard University Graduate School of Design，2005：397.

5.1.2　功能转换的特殊性及差异化

重大节事设施建设的后续利用，是前期建设的重要依据。从后续利用的差异来看，重大节事设施可大致分为三类：场馆设施、服务设施和运动员村，这三类设施的功能转换都具有各自的特殊性。

场馆设施由于功能相对单一，一般在后续利用中仍延续其功能特性。例如：世博会展馆在会后通常作为城市展馆使用，体育馆在赛后作为城市的公共体育设施运营。这类设施应当注重在建筑空间使用和划分上的灵活性，以利于重复举办不同规模和性质的节事，提高日常利用率；空间设计应当强调与周边地块的关联，良好的可及性与开放性也有利于场馆设施的日常使用。从另一方面来看，展览设施与体育设施在后续功能利用和转换中还存在差异。一般来说，会展中心、展览馆的功能兼容性较好，设施利用率较高，能承办会议、展览等多种类型的、不同规模的节事；体育设施则由于功能的特殊性和规模的局限性，利用率相对较低，以承办体育赛事、文艺演出为主。1995～1997 年，汉城（首尔）奥林匹克体育场年平均使用 75 天，体育馆年平均使用 172 天，篮球公园年平均使用 139 天，平均利用率均低于 50%；汉城（首尔）为 2002 年世界杯兴建的多功能体育场，同样由于低利用率而导致其经营困难，预计要到 2020 年才能停止亏损[8]。

当然，节事的场馆设施不再延续其原有功能，而是完全转换为新的功能使用，也不乏先例。1976 年蒙特利尔奥运会由于大规模的集中建设导致经济亏损严重，有些场馆在赛后进行了彻底的功能转换，奥林匹克中心的自行车馆在赛后改建成蒙特利尔生态博物馆，展馆利用原来自行车馆的大跨度圆形空间，对原有建筑的空间特征进行了最大程度的再利用（图 5-11、图 5-12）。这一转换方式虽然显示出体育建筑也具有一定的兼容性，但大量的彻底的功能转换显然不具有普遍推广意义，而且转换是否成功还要从城市的角度进行综合评价。

图 5-11　蒙特利尔原奥运自行车比赛馆改造为生态博物馆

资料来源：《建筑创作》杂志社主编. 建筑师看奥林匹克［M］. 机械工业出版社，2004：102.

图 5-12　改造为生态博物馆的室内展厅模型

资料来源：《建筑创作》杂志社主编. 建筑师看奥林匹克［M］. 机械工业出版社，2004：103.

配套服务设施的赛后利用相对更多样化，其目的都是要将设施转换为城市的公共服务设施（表 5-2）。节事期间的酒店、餐厅、办公等设施，可在节事后延续原有功能，也可进行其他功能转换，例如：媒体村的住宿与公共服务设施可在赛后转化公寓式酒店及配套设施，或大型公司总部基地。为了实现节事后合理的功能转换，有利于城市的长远发展，许多城市开始采用新的方式和观念进行节事配套服务设施建设：以节事后的功能为建设标准，而在节事期间进行功能转换，暂时作为节事服务的设施。例如：赛时为奥运会服务的国际广播中心和主新闻中心，以赛后还原为城市公共服务设施为标准进行赛前建设，可以有效提高赛后转换的合理性与效率。

北京亚运会配套设施的节事后转换 **表 5-2**

设施名称	面　积	亚运会用途	会后用途
五洲大酒店	8.7 万 m^2，1200 间客房	记者驻地	旅馆
公寓	14 栋 22 万 m^2，1900 套住房	运动员村	出售出租公寓
会议中心	4.5 万 m^2，容纳 3000 人	新闻中心	国际会议中心
汇宾大厦	4.0 万 m^2	组委会办公	出租写字楼
康乐宫	2.0 万 m^2	娱乐设施	娱乐设施
运动员餐厅	—	餐厅	展览厅
国际小学	—	宗教设施	国际小学

资料来源：马国馨．体育建筑稿论——从亚运到奥运［M］．天津：天津大学出版社，2007：114.

运动员村满足赛时运动员的住宿需要，赛后一般可转化成为多类型住宅配比的住宅区，逐步发展为成熟的城市社区。例如：2004 年雅典奥运会建设的奥运村，主体工程由希腊“劳工住房组织”负责投资建设，赛后作为经济适用型住房提供给当地低收入人群；奥运村内的其他公用建筑也都结合赛后的利用，最大程度地减少了临建的数量；另外，奥运村赛后迁入希腊劳动部、希腊地理研究院等科研单位，以及对相邻空军基地的利用，使得整个奥运村的赛后利用工作显得相当的成熟（表 5-3）。从表中可知，运动员村中的大量建筑是运动员宿舍，赛后转换为政府福利房，形成城市社区的核心部分；而其他的配套服务设施，包括：住宿服务中心、诊所、物流运行区等，则在赛后转换为城市住区的服务设施，如：社区小学、公立医院、办公楼等，从而促使功能的全面转换和成熟社区的形成。因此，以赛后城市社区的建设与发展为核心进行规划建设，并制定赛时的功能转换计划，从而减少建设中的不合理因素以及投资浪费，是完全可行的。

2005 年第十五届多哈亚运会为运动员村的赛后利用提供了新的模式。与以往运动员村的赛后利用不同，多哈亚运村既不是借用学校、军营等现有的设施，也不是赛后转换为居住区，而是转换为卡塔尔的国家医疗中心（图 5-13、图 5-14）。这为亚运村的赛后改造提供了新的思路，赛后功能转化可以不局限于居住，也可以是医疗设施、学生宿舍或者旅馆，还可相互组合，功能转换的多样性为赛后利用提供了更多选择。

雅典奥运村赛后利用的基本情况 **表 5-3**

赛时功能区	赛后功能	说　明
运动员宿舍	政府福利房	出租给低收入人群
住宿服务中心 1	社区小学	—
住宿服务中心 2	社区小学	—
体育休闲区	社区体育设施	—
综合诊所	公立医院	—
物流运行区 技术、安保控制中心 运动员制证中心	希腊劳动部办公大楼	—
主出入口	社区中心	—
国际区(临建) 餐厅(临建) 交通场站	待定	该区域原计划作为一个大型商场来招标,但未能成功,现全部为临建
行政大楼及信息中心	希腊地理研究院	—
德克里尔区(包括训练区、交通场站、超编官员楼)	归还给空军基地	—

资料来源：姜良志．雅典奥运会奥运村实习报告之二（设施、运行方案与赛时运行）．运动会服务部，2004：11.

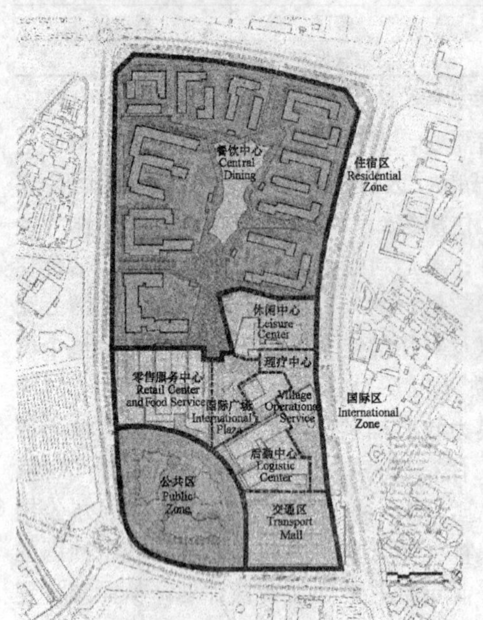

图 5-13　多哈亚运村赛时功能分区（改绘）

资料来源：Hammad Medical City/2006 Asian Games Village Design Proposal

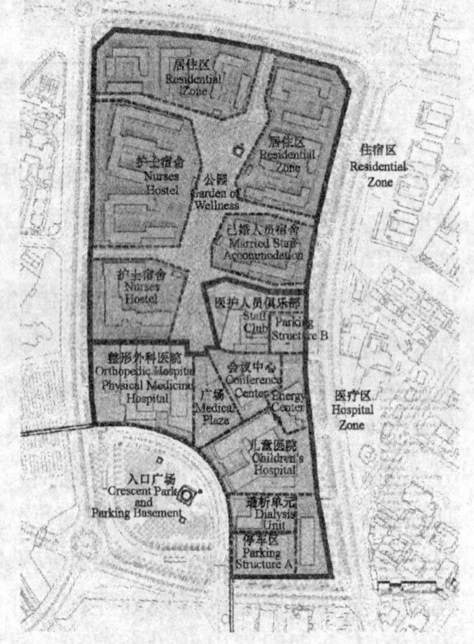

图 5-14　多哈亚运村赛后功能转换分区（改绘）

资料来源：Hammad Medical City/2006 Asian Games Village Design Proposal

此外，对于未来无法预计其赛后利用功能及价值的部分，应尽量使用临时性设施。巴塞罗那、悉尼、雅典奥运村都采用了部分的临时设施（图

5-15、图 5-16)。临时设施的最大优势就是随机性强，建构和拆除的时间短，而且成本低，不会在奥运会之后成为多余的或无法利用的建筑。一般重大节事的举办时间已经考虑了城市的气候因素，选择在降雨概率最低、温度和湿度最适宜的季节，因此对于设置临时设施也创造了良好的条件。

图 5-15　悉尼奥运会可拆卸的临时住宿单元

资料来源：网站

图 5-16　巴塞罗那奥运会可拆卸的临时餐厅

资料来源：网站

5.1.3　空间整合的意义

一般来说，重大节事的设施建设能够形成城市新的公共空间，甚至发展为城市的新中心。新城市中心的形成，往往依赖于重大节事带来的后续效应，以促进旅游、商业和相关服务业的发展。这种后续效应持续地发挥作用，真正形成城市新中心，并带动周边区域的发展，则需要以良好的公共空间体系为架构基础。

重大节事能为城市创造新的公共空间，为城市寻求新的秩序，调整城市环境发展过程中的不平衡，因此具有空间整合、完善公共空间体系的意义。具体来说，首先表现为城市构成要素的关联性，充分利用不同功能之间的关联性和不同功能之间的协调运作，产生新的城市形态；其次表现为城市功能的高度聚合性，以满足城市形态的公共性和社会生活的复杂性；最后表现为城市形式的多样性和灵活性，与现有环境相结合，满足城市生活多样化的需求[9]。重大节事形成的新的公共空间，具有极大的吸引力和辐射能力，能够促使城市功能的高度聚合，并强化相互之间的关联性，同时能够实现城市形式的多样性和灵活性。

1855～1937 年，巴黎举办的七次世博会，正是对城市公共空间进行整合的过程，形成城市中重要的空间轴线关系，强化城市空间与自然要素的关联性，并带来多样化的城市空间形态和丰富多彩的城市生活。1996 年亚特兰大奥运会的建设也为城市空间整合起到了重要作用。奥林匹克主体育馆原址为亚特兰大勇敢者棒球队的旧主场，后将该馆拆除，新建容纳 85000 人的奥林匹克体育馆。奥运会结束后，该馆被重新改造为容纳 45000 人的勇敢者棒球队新主场。改造的过程中，体育设施与城市公共空间的整合成为重点，体育设施的设计一改以往坐落于郊区的庞然大物形象，尺度亲切、功能配置合理，并成为城市中有意义的公共活动场所，奥林匹克体育场在赛后与周边的会展中心和世纪公园共同形成了该市新的中心（图 5-17）。

图 5-17　改造后的美国亚特兰大棒球场

资料来源：http：//www. williamlong. info/google

重大节事的主要设施，尤其体育建筑与会展建筑，一般尺度较大，所形成的空间尺度也相对较大。因此，节事空间与城市中既有的街道、广场、公园等公共空间相互融合与协调，形成尺度适宜的、整体的公共空间体系，具有非常重要的意义。此外，重大节事形成的城市空间由于举办过节事，而成为有着城市永久记忆的场所，因此与其他城市公共空间不同，其规划设计应加强空间的记忆与场所感，强化主题空间。

1972 年德国慕尼黑主办第二十届奥运会，不仅以选址的独特眼光和规划的整体观念使奥林匹克公园建设最终复兴了城市中的一片废墟，而且还为城市创造了尺度宜人的公共空间（图 5-18）。这是奥林匹克中心与城市空间紧密结合的成功范例。慕尼黑奥林匹克公园位于慕尼黑北部距市中心 4km

图 5-18　慕尼黑奥林匹克中心—公园里的奥运会

资料来源：网站

的奥伯维森区，占地面积约 $300hm^2$，建设前是一片占用了大量土地的、巨大的废墟堆积场。慕尼黑奥林匹克公园的建设为这一地段的改造提供了契机，其规划设计理念是“在公园里的奥运会”、“保证轻松愉快地竞赛”[10]。体育中心的设计极好地体现了规划原则中的“公园”、“轻松”，不仅将环境改造得绿草如茵、幽雅宜人，而且建筑造型也一改普通体育建筑的大尺度设计惯例，将看台的 2/3 都设于地下，使体育场馆的内部空间与外部空间相互渗透，大大提升了场所的活力（图 5-19）。公园里散落的各个建筑单体联系成一组有趣的空间序列，而正是这些开放自由的室内外场所、丰富统一的空间序列，与美丽的自然环境相得益彰，实现了真正意义上的“公园里的奥运会”。正如规划者所期望的那样，赛后的慕尼黑奥林匹克公园不仅弥补了公共体育设施的不足，更重要的是它为城市提供了高质量的公共空间和具有纪念意义的场所。

图 5-19　主体育场内外空间相互融合

资料来源：http://www.591WED.com

值得一提的是，重大节事建设形成的空间一般有较强的功能性，由于相对严格的管理，反而与周边城市公共空间较难形成相互交融、相互渗透的关系。因此，这类空间在后续利用过程中存在较多问题。重大节事是城市的公共事件，所形成的也应当是城市的公共空间，但以高额的收费、特定的人群为限，则称不上是完全的公共空间[11]。城市建设的核心是公共空间，重大节事的建设所动用的是城市的资源，因此其公共性是理应得到保证的。

总之，重大节事形成的空间真正体现其公共纽带作用，实现公共空间体系的整合，需要其空间设计能形成与城市空间的交融和渗透，包括：便捷的交通联系、完善的步行系统、良好的空间联系等等，加之科学的管理，才能形成城市空间体系中有机的组成部分。

5.2　城市土地利用

重大节事对城市土地利用产生的影响，是对城市形态最为直接的、也是最本质的改变。其影响主要体现为城市土地增值和土地利用转换，同时带来土地开发的“边界效应”以及经济投入的“虹吸效应”等影响。

5.2.1　土地超常增值

一般来说，存在着这样一条经济规律：在市场经济中，随着土地稀缺度不断提高和对土地投资的不断增加，土地增值表现为土地价格的不可逆转的增长的总趋势。土地增值律的具体表现形式为波浪式增值律，即地价并非直线上升而是波浪式上升的。其中的原因是多方面的，比如：经济周期的影响、市场调节的滞后性等。重大节事引发的土地增值则主要由于重大节事的偶然性、突发性和特殊性造成对土地需求的猛增，从而使地价猛升[12]。

重大节事的举办除了其本身对当地的巨大资金的投入外，还将吸引整个城市乃至更大范围内的资金流向其周边地区。资金的大量聚集，集中体现在当地土地的价格上升中。资金的投入在短期内引起当地经济发展与地价上涨，将进一步吸引各方面更多的资金集中投入，从而导致地价在循环中更大幅度地上涨，与城市正常发展过程中由于经济发展而逐步实现的土地增值不同，在同一时间周期中，这类土地增值的幅度比后者大得多，重大节事带来的各方面利好是主要驱动力之一。土地非正常的迅速增值，将在持续一段时期之后缓慢下来，甚至停滞或下跌，造成土地地价的剧烈波动，而波动的周期与重大节事的时间维度息息相关，也与城市化程度有关。基于一般的经济发展规律，市场具有相当的敏感度和调节能力，因而土地地价的上涨往往在重大节事的准备阶段已经发生，并在重大节事结束之后一段时期内进行调整。一般来说，城市化程度相对高、发展相对成熟的地区，重大节事带来的土地地价波动幅度相对较小；而城市化程度相对低、正处于发展阶段的地区，其波动幅度相对较大。

2002 年上海与世界一级方程式管理协会（FOCA）签约，将从 2004 年开始正式承办世界一级方程式赛车锦标赛，连续举办 7 年直到 2010 年。随后，上海国际赛车场工程正式开工，选址上海嘉定区安亭镇。自从上海国际汽车城在嘉定启动以后，特别是围绕 F1 赛事的相关工程全面展开后，嘉定的土地价值开始发生明显变化。2002 年，5.3km^2 赛车场及配套区土地的地价仅 8～12 万元/亩，但是到 2003 年 2～3 月嘉定土地的拍卖平均价已达到 50 万元/亩，熟地的价格就达 80 万元/亩，仅过了半年，嘉定沪宜路以外菊园新区的地价已经攀升到 120 万元/亩左右，城中心地段更是有价无市。据资料显示，嘉定城中心土地价格 2004 年已上升到约 160 万元/亩左右，嘉定江桥的地价更是上涨到 200 万元/亩左右。专家预测，F1 赛车场的辐射范围将达周边 20km^2，周边土地将明显升值，升值量估计高达 200～300 亿元[13]。

重大节事引发的土地地价剧烈波动将直接促使周边地区整体土地利用模式发生改变，并带来“边界效应”、“溢出效应”等连锁反应。重大事件对其周边地区的影响与要求将会直接反映出其对周边地区土地利用的要求与影响，原本的农业用地可能需要转变为住宅用地，而原来的住宅用地又可能部分转变为商业用地等等，在这个转变过程中，周边地区土地利用的可持续性与科学合理性尤为重要。

由于重大节事本身的特殊性，它所引起土地利用转换以及相应的动迁征地一般具有突发性、紧迫性、强力性以及资金充裕性等特点，因此重大节事的发生往往能从根本上改变和调整一个地区甚至是一个城市的土地利用现状[14]。这对土地规划部门来说是不可多得的良机。重大节事对当地土地利用的转变是快速而彻底的，因此给城市土地利用总体规划带来新的重要课题，包括：土地利用转换模式、土地动迁机制、土地储备机制等等。其中，土地储备机制与重大节事建设投融资机制的结合对其公益性项目的资金积累有着重要意义。就我国的土地政策而言，土地储备是特定的政府行为，政府对重大节事相关设施进行投资和建设，可以以土地储备的方式获取其中巨大的土地升值收益，并将其纳入重大节事建设资金投融资机制。由于重大节事核心区与周边辐射区的土地利用是一个有机整体，是相互促进、互为补充的关系，只有政府土地储备机构在更大范围内进行土地控制、土地收购、土地储备和实施基础性开发，才能取得最大的土地增值效益，使得经济和社会效益最大化[15]。

依据以上原理，根据上海世博会建设与投融资现金流，有学者设计建立了土地储备与上海世博会建设融资相结合的运作流程，如图 5-20 所示。

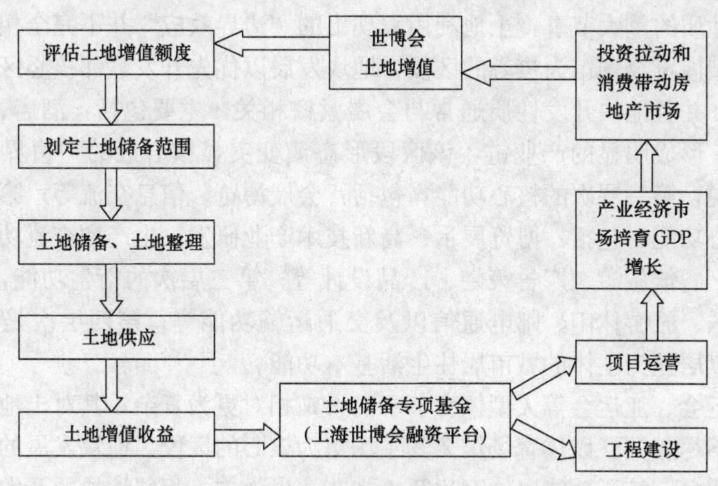

图 5-20　土地储备与项目投资运作流程图

资料来源：陈伟. EXPO2010 上海世博会建设结合土地储备机制研究与动作建议 [J]. 上海管理科学，2006，5：72.

5.2.2　边界效应

由于重大节事的特殊性会辐射至周边地块，导致周边的土地开发和利用呈现出一定的规律性。以建设重大节事相关设施的地块为核心，周边地块开发性质类似，并形成明显的核心地块的“边界”，称为“边界效应”（图 5-21）。由于产业之间存在关联性，即产业与产业之间是相互依存、相互作用的，因此重大节事带动地段和周边地块的开发，主要依靠产业间的关联性作用来实现。首先通过前向联系拉动其上游产业——建筑业、制造业等的发展，并通过后向联系推动其下游产业——商业、餐饮住宿服务业、旅游业、房地产业等的发展，然后通过单向循环联系和多向循环联系，以经济网络群的形式推动全体产业的发展[16]。由于产业关联性的强弱不同，“边界效应”具体表现为以核心功能为中心的圈层结构：第一层是重大节事的核心功能；第二层是为核心功能提供服务的次核心功能；第三层是与核心功能紧密相关的衍生功能；第四层是以居住为主的城市基本功能。当然，受到核心功能影响最大的是次核心功能，而衍生功能作为必要的补充，能够扩大核心功能的积极影响。当然，对于不同性质的重大节事，土地利用表现出的“边界效应”并不完全相同。

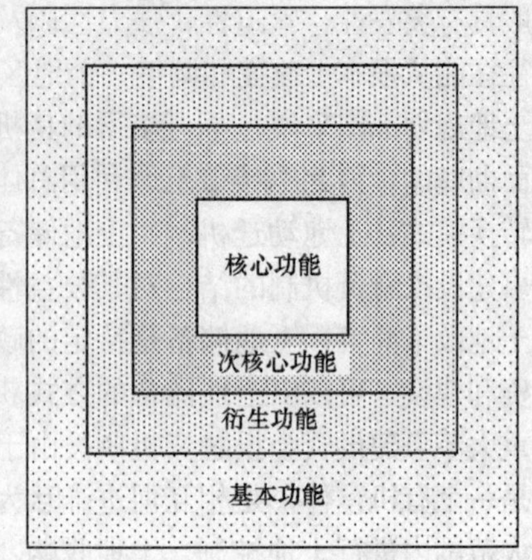

图 5-21 “边界效应”示意图
资料来源：作者自绘

大型博览会场馆为核心的区段，地块发展以优先开发紧邻核心区的地块为特征，并且地块开发性质通常与会展紧密相关，主要包括：酒店、会展、办公等，形成明显的产业链，该区段形态演变突显核心区的“边界效应”。具体来说，第一层次的核心功能，包括：会展博览、信息交流等；第二层次的次核心功能，包括：博览展示、高新技术产业研发、生产和交流功能、商贸服务、餐饮旅游、广告策划、产品设计等；第三层次的衍生功能，包括：文化娱乐、旅游休闲、邮电通信以及交通运输功能等；第四层次是基础功能，即以居住为主体的城市居住生活基本功能。

奥运会、亚运会等大型体育节事的设施相对更为复杂，其对土地利用的影响也不尽相同。以体育场馆尤其主场馆为核心的区段，地块发展的“边界效应”明显，核心功能以体育比赛、文艺演出为主，相邻地块的开发以体育休闲、文化娱乐、餐饮商贸等次核心功能为主，外围地块的衍生功能开发则更多样化，结合居住功能的开发，通常能够发展为综合性城市社区；以运动员村等服务设施为核心的区段，地块发展的“边界效应”并不明显，由于这类设施的聚集效应相对较弱，其影响体现为促进带动作用而不具有决定性，紧邻核心地块开发或跳跃式开发的模式均有，以居住这一基本功能为主，而区段能否发展为综合性城市社区，关键在于城市其他功能的及时引入。

江苏省承办 2005 年第十届全国运动会（以下简称“十运会”）而新建的南京奥林匹克体育中心（以下简称南京奥体中心），位于南京的待开发新区河西地区（图 5-22）。为了配合南京奥体中心的建设，2003 年河西新城区的固定投资额为 50.65 亿，从 2004 年开始到 2005 年十运会召开时，河西新城区的投资高达326亿，平均每天5433万。南京奥体中心的建设，对地段周边土地开发具有一定的边界效应，带动了周边大规模的建设。河西新城中部是建设重点，围绕奥体中心，奥体新城、金马郦城、世纪星园、万科、圆通花园等现代中高档居住区160万m^2的住宅已经建成；联强国际大厦、圆通广场、宋都大厦、朗玛国际广场、欧洲城、紫鑫中华综合广场、紫金大厦、东渡滨江大厦、中泰国际广场建成金融商务中心；仁恒大厦、金奥大厦、新城大厦在十运会前已开工建设。此外，周边地块配套建设万景园会务接待中心、艺兰斋美术馆、奥体新城邮政中心支局、奥体新城中学并建成4所学校、2所区级医院和奥体新城、南苑2个社区邻里中心[17]。显然，河西新城区的发展利用奥体中心的边界效应，以房地产开发作为主导产业，邻近奥体中心核心地块建设以金融、商务办公等功能为主的新区中心，并以大量的居住区开发作为基础功能（图5-23）。不过，河西新城区在后期发展中应当有效地引入其他产业，充实次核心功能圈层和衍生功能圈层，进一步形成综合性城市社区。

图5-22　南京河西地区（局部）航拍图（2002年）

资料来源：南京城市规划（内部资料）．南京影像地图集：115

图5-23　南京河西新城中心区城市设计方案

资料来源：韩冬青，顾震弘．南京市河西新城区中心地区一期工程城市设计研究［J］．建筑与文化，2005，5：35.

另外，重大节事给土地开发带来的“边界效应”不仅与设施的功能有关，还与建设规模、布局模式有关。当重大节事的设施建设规模大、布局集中，其占地面积也相应较大时，边界效应一般会相应减弱。而当这些设施适当分散布局时，往往能形成多个具有“边界效应”的区域，极大地提高土地开发效率，给城市发展带来积极影响。

总的来看，无论是大型博览会还是大型体育赛事，大部分设施建设对周边土地利用都将产生不同程度的“边界效应”，这也是许多城市利用重大节事促进城市土地开发的主要原因之一。不过，也有专家指出，在短时间内将城市的土地市场资源吸引和聚集到场馆周边区域，会产生城市土地市场投资的“虹吸效应”，导致城市其他区域的土地市场萎缩，造成城市发展失衡；同时，场馆核心区的房地产开发也很可能由于赛事前的急速增长而在以后很长一段时间内处于低速增长。1992 年奥运会后，巴塞罗那由于房地产的过度发展（1986～1993 年，巴塞罗那住宅价值增长 250%～300%），奥运会后用了 6 年才扭转跌势；而悉尼奥运会后的 1～2 年，“地产泡沫”的表现也非常明显。为了避免出现地产“虹吸效应”，减少地产泡沫，重大节事设施建设应立足城市整体土地开发规划，减少对城市正常土地开发的影响；制定设施周边地区合理的土地出让计划，控制城市各区域土地开发强度和开发时序，分阶段推出地块、保证土地市场供求平衡；对设施周边开发项目的容积率和高度进行严格控制，同时调高投资门槛，减少低水平项目的介入[18]。

5.3 城市基础设施

重大节事的特殊性，使城市基础设施的超前建设往往能够得到支持。这种超前性体现在设施的建设标准、涉及的区域范围以及建设速度等方面，其中城市交通设施的建设尤为明显。城市对外交通系统和城市内部交通系统，往往都在重大节事举办的过程中产生结构性的变化，这种变化不仅符合重大节事举办的需求，还能够符合城市长远的发展需求。

5.3.1 城市重构的基础

以重大节事为契机的城市重构，其目的是通过重大节事的设施建设对城市进行大规模改造，促进城市的可持续发展。重构的基础在于重大节事对举办城市服务设施所提出的庞大而复杂的要求，其中不仅包括与节事直接相关的场馆设施建设，还包括与节事间接相关的交通、通信、旅游和市政基础设施等项目的建设。事实上，对于很多城市而言，比赛场馆或展览会场只是相对较小的建设任务，而重要的部分在于对城市基础设施的升级。通过 1964 年以来各届奥运会的建设费用支出的比较，可以看出，大部分城市用于基础设施的建设费用（indirect-Olympic investment）都占到总建设费用的 50% 以上，奥运会的建设对城市的影响潜力可见一斑（图 5-24）。

从图中还可看到，1964 年东京奥运会对于城市基础设施的投入比例最高，竟然占奥运建设总支出的 97%以上。东京在 1958～1964 年仅 6 年时间里，对城市交通系统和上下水系统进行了全面改造，新建了 11 条城际高速公路、22条高等级公路、总长107km的地铁和城市轨道交通，扩建了成田国际机场，总投入高达2万亿日元[19]。当然，在东京奥运会建设项目中，有些与奥运会的需求并没有直接联系，例如同时期建成的“新干线”悬浮列车，促进了东京、京都和大阪城市带的形成，但并不直接服务于奥运会赛事。许多城市也采取类似的做法，借助重大节事为城市进行建设，从某种意义上利用和扩大了节事的积极意义，并形成城市重构和发展的重要基础。

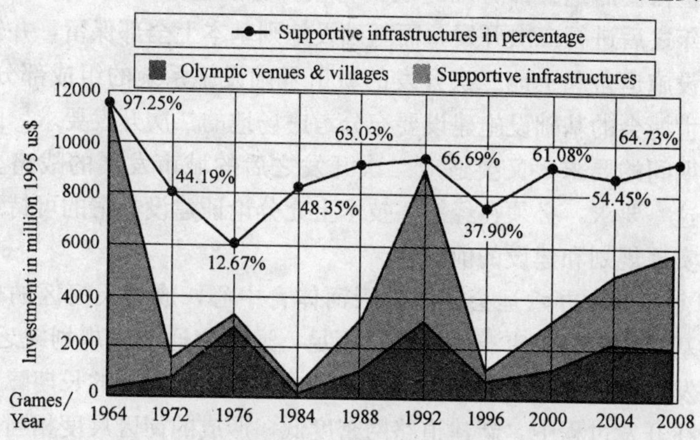

图5-24　奥运会建设费用比较（1964～2008年）

资料来源：Liao，H. and Pitts，A. A Brief Historical Review of Olympic Urbanization. The international Journal of the History of Sport. Volume 23，November 2006.

当然，城市处于不同的发展阶段，城市重构的需求和重构的力度也会相应不同，利用重大节事进行基础设施升级，需要根据城市具体的经济、环境和社会发展状况来确定。例如1972年慕尼黑奥运会、1984年洛杉矶奥运会和1996年亚特兰大奥运会的基础设施建设占总投资的比例都相对较小，对城市重构的影响也就相对较弱，这是由城市具体条件和当时的状况决定的，并不能一概而论。

基础设施的建设作为城市重构的重要条件，对城市空间结构形态的影响最为明显，其实现的重要手段就是交通设施与城市空间拓展的契合。交通设施的迅速升级，为重大节事的建设地段和该地区的后续发展提供重要条件，更为城市空间拓展提供框架。因此，重大节事的交通设施建设应以城市整体发展框架为前提，发展大运量的公共交通，包括：铁路、轻轨、地铁等，并通过高、快速路的建设为该地区的交通方式提供多种选择。完善的交通设施网络不仅能更好地为节事服务，更长远的意义在于实现城市重构。

5.3.2　效应滞后性

交通设施建设的巨大投资，能否在城市发展过程中起到重要促进作用，避免造成资源的巨大浪费、成为与城市发展极不协调的部分，是重大节事基础设施建设普遍面临的难题，问题的关键在于基础设施具有效应滞后性。效应滞后性主要体现为：基础设施建设规模的合理性及其与城市发展的匹配程度，一般在重大节事结束之后几年甚至更久的时间，才能显现出来。换言之，以重大节事为契机进行城市基础设施建设，需要着眼于节事后的长远发展，其建设需要具有前瞻性。

上海世博会属于二次开发的旗舰项目，其建设过程是一个弹性的、开放的过程。世博会后绝大部分临时展馆将被拆除，近 70％的场地都将在世博会结束 5 年之后进行二次开发，而基础设施则基本上全部保留，并转化为服务于有关设施运营和土地二次开发的城市基础设施系统的组成部分[20]。因此，上海世博会的基础设施建设要充分考虑场地的二次开发要求，既要满足建成使用期间的要求，又要适应二次开发之后的城市发展的战略要求。当然，实现这一要求，必须在经济、技术上充分论证建设方案的可持续性，从技术层面实现规划和建设的前瞻性。

1987 年广州举办六运会建成的天河体育中心，成为天河区的核心，然而由于对基础设施的效应滞后性认识不足，道路交通设施规划缺乏前瞻性，使该地区发展过程中交通问题严重，已经成为该地区发展的长期障碍。体育中心地区在开发过程中，新建道路网密度低，形成的街区尺度相当巨大，其中最大的街区是体育中心所在街区（约 700m×780m）[21]（图 5-25）。由于天河区经济发展的需求，体育中心周边地区迅速出现密集的商务办公区域，加上多层和高层住宅的大量建设，给该地区带来规模庞大的通勤人流。经过 20 年的发展，天河区累计 20 层以上的新建大厦 87 座，其中 40 层以上的达 7 座，如此高密度的开发使原先的大街区格局造成的交通问题层出不穷。街区尺度过大，不仅导致路网密度严重不足，还造成道路规模等级过高、缺乏次一级城市道路网，另外，大量公共交通线路过于集中，其疏导效果也被大大降低了。随着车辆交通的不断增加，天河体育中心地区的停车压力也与日

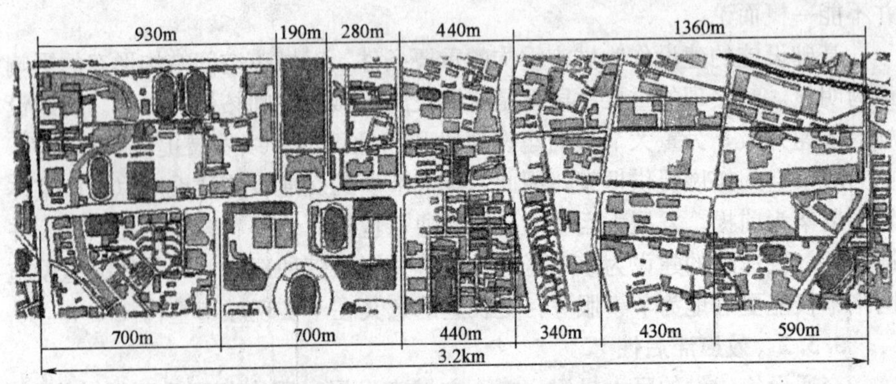

图 5-25　天河体育中心周边街区尺度

资料来源：黄健文. 广州天河核心街区商业空间实例研究［D］. 广州：华南理工大学硕士学位论文，2005：35.

俱增。由于对停车需求的增长缺乏合理的预测，土地利用缺乏妥善的停车场地规划，导致供需关系极不平衡。另一方面，火车东站的规划也存在不合理之处，导致大量的人流和车流只能向天河北方向疏导，造成天河地区更为巨大的交通压力。

天河体育中心地区的发展依托六运会的重要契机，然而，缺乏前瞻性的交通规划和建设，却给地区的快速发展带来了巨大压力。一方面，由于当时的规划制度深受苏联规划思想的影响，加之计划经济的限制，交通规划具有一定的局限性。另一方面，对六运会后的地区发展缺乏前瞻性的预测评估，导致规划管理与建设开发严重失衡。因此，对于重大节事后的地区发展应当有更为客观、科学的评估手段和具有前瞻性的规划思路，对于地区的交通规划尤其应当引起足够的重视。

5.3.3 公共交通设施的升级

重大节事相关的城市基础设施建设中，对大运量公共交通设施的需求最为明显。除了机场、高速公路、城市干道之外，大部分城市都将大量的投资用于城市轨道交通，如地铁、轻轨等。这类交通设施不仅能够满足举办期间的交通需求，还能够满足举办后城市发展的需求，更重要的是，能够为城市的空间形态的完善提供必要条件。

雅典为了举办奥运会，将大量资金投入轨道交通建设，包括：对海伦尼克铁路的市郊路网进行了改造，新线路通往国际机场；城市内部地铁继续进行扩建；电气化铁路（ISAP）更新了机车车辆，并且重新装修沿线车站；两条新的城市轻轨线路开通。这四种运输方式在解决奥运会交通上发挥了重要作用：ISAP线是雅典交通网的中枢，它连接马罗西（Maroussi）体育场和法里洛（Faliro）海滨的三个比赛场所；轻轨线为埃里尼科（Elliniko）第二主要运动综合场所、帆船比赛场所和法里洛比赛场所提供运输服务；地铁主要为城里的一些奥运场所提供运输服务；市郊铁路将解决机场和城市间大量客运[22]。为解决赛时的交通问题，鼓励公共交通的使用，雅典政府和组委会协商达成一致，游客只能乘公共交通到达比赛场所，并通过限制通行和停车位来实现。此外，雅典政府的规划有更为长远打算，在奥运会之后的四年里，政府将进一步建设其他部分的轨道交通系统，形成完善的城市交通网络。

鼓励大运量的公共交通是重大节事期间解决超日常人流量的有效方式，对于城市的可持续发展来说，则是重要的发展策略，尤其是正处于快速城市化进程的城市。以上海世博为例[23]。上海2010年世博会的期望参观游客为7000万人次，相应的高峰日游客为80万人次，与现状交通出行量相比，仅增加了5.14%。相关统计资料表明，上海南京路商业街日均客流量超过100万人次，外滩周末的客流量为70～80万人次，事实上城市已有的商业、旅游点的交通吸引量已经达到了世博会交通吸引的水平，满足世博会的交通需求并不困难。从另一方面来看，与世博会引起的交通增长相比，上海城市交通的自然增长量却是惊人的。根据《上海汽车发展的交通战略研究》的成果，与2000年相比，2010年的交通出行量将增加大约75%（表5-4），考虑经济持续增加的因素，按照高出25%进行评价，即2010年的交通出行量将增加大约100%，部分区域可能增幅更大。所以，城市的自然增长问题，需要在节事建设过程中给予足够的重视。大运量公共交通设施的建设，对于长期发展具有更重要的意义。

上海城市交通需求增长及空间分布（单位：万人·km/d）　　表5-4

区　域	2000年	2005年	2010年
中心区	624	703	851
外围区	807	1076	1523
浦东	490	713	1129
高架及越江	500	592	732
中心城合计	2421	3084	4235

资料来源：郑时龄，陈易主编．世博会规划设计研究［M］．上海：同济大学出版社，2006：85．

大运量公共交通网的建设费用和运营费用往往高于普通城市道路，因此，建设之前应着眼于城市整体发展策略，结合选址对大运量公共交通的建设投资计划进行详细评估，避免盲目地建设造成投资浪费，并带来城市后续发展的负担。位于城市郊区的悉尼奥林匹克公园，通过城市地铁和城郊地铁专线与市中心联系，悉尼城市内部的地铁网络非常发达且利用率高，然而为奥林匹克公园专门修建的城郊地铁专线，利用率却非常低，对城市来说实际上造成了浪费。因此，大运量公共交通的建设价值，除了与主要场馆的节事后利用效率有关，还与周边地区的发展速度和规模有关，需要综合评价公共交通的建设必要性。

此外，重大节事为契机的城市基础设施的升级，应当积极地推广和应用新的公共交通方式。由于地铁系统投资大、建设周期长，BRT成为目前世界银行向全球推广的一种大中运量的公共交通系统。BRT交通系统，全称“Bus Rapid Transit”，是一种快速巴士运营系统。由于拥有专用路权和大容量公交车辆，BRT系统能够实现快速、高效地运营，而且可以与地铁、轻轨衔接。在建立轨道网的同时，考虑将BRT系统作为轨道交通的延伸，能有效降低公共交通的投资与运营成本。当然，城市用地布局与城市公共交通的一体化规划是BRT系统成败的基本前提，带形城市用地布局形态和分流的交通组织是BRT系统成功的关键[24]。由于带形城市形成的交通需求特点是沿带状方向交通需求强，垂直相交方向的交通需求小，从而形成适合BRT系统充分发挥作用的运行条件。因此，针对城市的具体条件，建设BRT系统时应进行充分论证，以避免系统建成后无法达到预期目的，导致建设失误和浪费。

鉴于上述特点，进行重大节事建设时，一般应该形成多种公交方式共同构成的混合公共交通网络。现代化的城市公共交通系统，要体现高效率和高服务质量，应该是以公共交通换乘枢纽为中心，以轨道交通线路和市级地面公交快车线路为骨干，以组团级公交普通线路为基础的配合良好的完整系统。在具有 BRT 发挥优势的运行条件下，当交通需求强度高于普通公交又低于轻轨交通时，可以考虑采用 BRT 系统[25]。

5.4 要素特征总结及其建设策略分析

从重大节事影响下的城市形态演变要素分析中，可总结出以下特征和相应的建设策略建议。

1. 节事设施的空间布局特征

(1) 布局模式可分为三类：分散式、"单中心"集群式、"多中心"集群式；(2) 场馆设施由于功能特殊，节事后的功能转换受到局限较大，配套设施的功能转换则相对灵活；(3) 重大节事能为城市创造新的公共空间，能够为城市寻求新的秩序，调整城市环境发展过程中的不平衡，具有整合周边公共空间体系的作用；(4) 重大节事为城市留下的公共空间是具有城市记忆的场所，并因此而区别于城市中的其他公共空间。

建设策略：(1) 重大节事的场馆与配套设施布局模式应根据具体城市条件进行选择，并且注重与城市其他部分的互相交融，更好地实现城市整体发展；(2) 场馆设施建设应重点关注建筑内部空间的灵活划分和组合，为节事后的多功能利用提供条件，配套设施建设则应关注向城市功能的合理转换，逐步发展为城市社区的组成部分；(3) 重大节事形成的空间真正体现其公共纽带作用，需要其空间设计能形成与城市空间的交融和渗透，加强可及性和多样性，为节事后公共空间容纳和吸引城市市民的日常生活提供条件。(4) 重大节事规划设计应加强空间的记忆，强化主题空间的设计。

2. 城市土地利用的特征

(1) 由于重大节事的影响，城市土地会呈现超常增值的特征，适当的超常增值可以刺激城市建设快速发展，但超出理性范围则会产生经济泡沫，给城市发展带来负面影响；(2) 在城市规划相对滞后的情况下，超常增值带来的大量城市建设将会失去控制，造成城市空间形态的非良性发展；(3) 进行重大节事建设的土地具有"边界效应"特征，具体表现为以核心功能为中心的圈层结构，并由内至外效应由强转弱。

建设策略：(1) 建立合理的土地利用转换模式、土地动迁机制、土地储备机制，与重大节事组织机制结合，形成重大节事建设的土地有效控制与调配；(2) 超前制定规划控制，特别应针对重大节事核心区及周边地块制定严格的规划控制，包括规划设计条件和城市设计控制导则；(3) 规划应利用重大节事核心区的“边界效应”，对周边地块功能实行整体的合理布局，对周边地块开发性质进行引导和控制。

3. 城市基础设施的特征

(1) 重大节事建设中城市基础设施必不可少而且比例有持续增长的趋势，集中大量的建设使城市整体设施水平短期内得以迅速升级；(2) 由于城市基础设施具有效应滞后性，其对城市发展起到的促进作用需要在节事后相当长一段时间内方能逐步显现；(3) 城市基础设施的建设，尤其是交通设施建设，对重大节事为契机的城市空间拓展具有关键作用。

建设策略：(1) 建设前应综合城市整体发展策略和重大节事的性质，对建设投资计划进行详细评估，避免盲目建设造成的投资浪费；(2) 重大节事的基础设施建设应当具有前瞻性，避免效应滞后性带来的城市问题；(3) 重大节事的基础设施建设应鼓励大运量的公共交通，不仅是重大节事期间解决超日常人流量的有效方式，也是城市的可持续发展的重要策略；(4) 重大节事的交通设施建设应以城市整体发展框架为前提，为地区发展提供多种方式选择的交通体系。

本章小结

本章通过大量的实际案例分析，总结重大节事对城市形态演变产生影响的三个要素，并归纳其特征和相应的建设策略。

以节事设施建设是否集中或分散为依据，建设模式可归纳为以下三种类型：分散式、“单中心”集群式、“多中心”集群式。分散式能有效减少单个大规模体育中心建设的经济和时间压力，有利于缓解城市交通负荷，占用城市土地资源较少，便于充分利用现有城市设施，更容易融入城市空间发展的架构之中，但对城市结构形态的影响最弱，只能起到局部调整的作用，设施的后续发展空间较小，而且交通组织相对复杂；“单中心”集群式是将大部分的体育设施集中建设，并形成大规模奥林匹克中心，不仅能够高效地满足建设、组织、管理和比赛要求，而且赛后能为城市提供大规模的公共空间，但这种布局在短期集中建设、赛时交通组织和赛后利用这三方面都存在难以避免的问题；“多中心”集群式是大部分的场馆相对集中地位于多个城市组团内，这种模式兼有集中与分散的优点，有利于形成多中心、分散集中式的城市格局，是一种被认为比较节能的城市形态。

重大节事设施建设的后续利用都具有各自的特殊性和差异化。场馆设施由于功能特殊，在后续利用中一般仍延续其功能特性：会展中心、展览馆等功能的兼容性较好，设施利用率较高；体育设施则由于功能的特殊性和规模的局限性，利用率则相对较低。配套服务设施的赛后功能转换相对多样化，其目的是转换为城市服务的公共设施。运动员村赛后以转化成为多类型住宅配比的住宅区为主。对于未来无法预计其赛后利用功能及价值的部分，应尽量使用临时性设施。

重大节事能为城市创造新的公共空间，为城市寻求新的秩序，调整城市环境发展过程中的不平衡，具有整合的作用。重大节事形成的空间真正体现其公共纽带作用，需要其空间设计能形成与城市空间的交融和渗透，加强可及性和多样性，为节事后公共空间容纳和吸引城市市民的日常生活提供条件。此外，重大节事规划设计应加强空间的记忆，强化主题空间的设计。

重大节事对城市土地利用产生的影响，主要体现为城市土地增值和土地利用转换，以及对周边土地开发的"边界效应"。一般来说，城市化程度相对高、发展相对成熟的地区，重大节事带来的土地地价波动幅度相对较小；而城市化程度相对低、正处于发展阶段的地区，其波动幅度相对较大。重大事件对其周边地区的影响与要求将会直接反映出其对周边地区土地利用的要求与影响，其土地利用转变是快速而彻底的，因此，及时调整和完善土地利用转换模式、土地动迁机制、土地储备机制，具有重要意义。

以建设重大节事相关设施的地块为核心，周边地块开发性质类似，并形成明显的核心地块的"边界"，称为"边界效应"。由于产业关联性的强弱不同，"边界效应"具体表现为以核心功能为中心的圈层结构，由内至外分别为核心功能、次核心功能、衍生功能和基本功能，边界效应由强转弱。当然，对于不同性质的重大节事，土地利用表现出的"边界效应"存在差异。

重大节事的特殊性导致城市基础设施得以超前建设，其中城市交通设施的建设尤为明显。这种超前性体现在建设标准、涉及的区域范围以及建设速度等方面，为重大节事的建设地段和该地区的后续发展提供重要条件，更为城市空间拓展提供框架。但基础设施具有效应滞后性，主要体现为建设规模的合理性及其与城市发展的匹配程度在建设后几年甚至更久的时间，才能显现出来。因此，以重大节事为契机进行城市基础设施建设，需要着眼于节事后的长远发展，其建设需要具有前瞻性。在城市基础设施建设中，鼓励大运量的公共交通是重要的发展策略，BRT 等新的公共交通方式应当积极地推广和应用。

附表：历届奥运会的奥运村建设情况及赛后利用比较

时间	届数	地点	奥运村建设情况	奥运村规模	奥运村后续利用
1924 年	八	巴黎	第一个奥运村出现，紧邻科龙布体育场	木平房，堪称奥运村的雏形	
1936 年	十一	柏林	启用军营，离奥运会场馆 14km	—	交还
1948 年	十四	伦敦	利用现有学生宿舍	—	交还
1952 年	十五	赫尔辛基	紧邻奥林匹克体育中心兴建	3 层住宅型	市民住宅

续表

时间	届数	地点	奥运村建设情况	奥运村规模	奥运村后续利用
1956年	十六	墨尔本	第一个男、女分开住宿的奥运村	低层住宅	面向低收入市民的住宅
1960年	十七	罗马	位于北部奥林匹克体育中心	5层住宅型	市民住宅
1964年	十八	东京	启用原美军宿舍	—	改建为青年旅馆(已拆除)
1968年	十九	墨西哥	以住宅小区为要求进行规划,并设置生活服务配套及许多体育活动场地,离墨西哥城15km	高层公寓型,总建筑面积约16万m^2	住宅区
1972年	二十	慕尼黑	以住宅小区为要求进行规划,并设置生活服务配套,靠近奥运会主场馆	高低层住宅公寓型,总建筑面积约30万m^2	住宅区
1976年	二十一	蒙特利尔	紧邻奥林匹克体育中心北部	高层住宅	住宅区
1980年	二十二	莫斯科	位于莫斯科西南区,靠近列宁体育场主场	高层住宅,总建筑面积约30万m^2	住宅区
1984年	二十三	洛杉矶	利用现有学生宿舍	—	交还
1988年	二十四	汉城(首尔)	紧邻汉城体育中心	4种类型住宅,共1356个单元,10～18层,面积为126～218m^2/户	高级住宅区
1992年	二十五	巴塞罗那	奥运村位于城市滨水地带的帕克迪马分赛区,只为运动员及教练员提供住宿;媒体村布置在城市北面的沃迪布朗区,国际奥委会的住宿与办公位于与奥运村相邻的总部饭店塔楼	6层住宅,总房间数2048间	高级住宅区
1996年	二十六	亚特兰大	利用现有学生宿舍	—	交还
2000年	二十七	悉尼	位于奥林匹克公园西侧,以"绿色、可持续发展"为主题,并成为世界上最大的太阳能社区	单体独门的别墅式建筑,可容纳15000名运动员及官员,占地84hm^2,分为居住区和国际区。共建有永久性别墅520栋,装配式别墅350栋,公寓350座,分成10个小区共2500套住宅。另设媒体村和技术官员村,加上奥运村,共可容纳22500人	面向多阶层的住宅区

续表

时间	届数	地点	奥运村建设情况	奥运村规模	奥运村后续利用
2004年	二十八	雅典	位于雅典北郊，距奥运主赛场20km	平板式、低密度多层住宅，可容纳16000名运动员及官员，占地124hm^2，分为居住区和国际区。共有楼房366幢，总房间数2292间	面向低收入人群的居住区：10000名希腊劳工组织员工及家属的廉价住所
2008年	二十九	北京	体现环保和可持续发展、高科技和数字化、无障碍的奥运村	可容纳17600名运动员及官员，占地80hm^2，共有2200套公寓，约36万m^2	改造为高级住宅区

资料来源：作者根据资料整理汇编。

参考文献

[1] 赵大壮. 北京奥林匹克建设规划研究 [D]. 北京：清华大学博士论文，1985.

[2] 廖含文. 伦敦2012年奥运会场馆建设综述 [J]. 城市建筑，2007 (11)：80.

[3] 胡振宇. 现代城市体育设施建设与城市发展研究 [D]. 南京：东南大学博士论文，2006：187.

[4] 孙一民. 大型体育设施建设与城市整体意义的探寻——罗马奥运的启迪 [A].《建筑创作杂志社》主编. 建筑师看奥林匹克 [M]. 北京：机械工业出版社，2004：78-79.

[5] 马国馨. 体育建筑论稿——从亚运到奥运 [M]. 天津：天津大学出版社，2004：111.

[6] 高存毅 主编. 奥运会城市的场馆规划与设计 [M]. 北京：中国建筑工业出版社，2003：73.

[7] 廖含文，大卫艾萨克. 奥运会城市重构 [J]. 城市建筑，2007，11：13.

[8] 彭涛. 大型节事对城市发展的影响 [J]. 规划师，2006，7：7.

[9] 刘捷. 城市形态的整合 [M]. 南京：东南大学出版社，2004，10：9.

[10] 戎安，张东. 德国慕尼黑奥林匹克公园 [A].《建筑创作杂志社》主编. 建筑师看奥林匹克 [M]. 北京：机械工业出版社，2004：95.

[11] 孙施文. 世界博览会作为城市空间的解读 [J]. 城市规划汇刊，2004，5：24.

[12] 周诚. 论土地增值及其政策取向 [J]. 经济研究，1994，11：50-57.

[13] 柯鹏. 两年连翻四番：上海嘉定地价涨势如F1车速 [EB/OL]. http://www.jiading.gov.cn/, 2005.

[14] 周琳，刘妙龙. 重大节事对土地利用的影响思考 [J]. 国土资源科技管理，2005 (2)：26～30.

[15] 陈伟. EXPO2010上海世博会建设结合土地储备机制研究与动作建议 [J]. 上海管理科学，2006，5：70-72.

[16] 唐东方，张建武. 九运会对广州经济的影响 [J]. 广东科技，2001，8：35.

[17] 胡振宇. 现代城市体育设施建设与城市发展研究 [D]. 南京：东南大学博士论

文，2006：165.

[18] 张萍，张楠. 重大体育赛事场馆布局规划思考 [J]. 中外建筑，2005，4.

[19] 同 [7]

[20] 张伟立. 建设和谐的世博会基础设施 [J]. 规划师，2006，7：29.

[21] 黄健文. 广州天河核心街区商业空间实例研究 [D]. 广州：华南理工大学硕士论文，2005：32.

[22] Athens Gears Up to Face Olympic Challenge. Railway Gazette International. 刘庚权编译. 雅典奥运会促进了城市轨道交通发展 [J]. 现代城市轨道交通，2004，4：54-55.

[23] 郑时龄，陈易 主编. 世博会规划设计研究 [M]. 上海：同济大学出版社，2006：85-87.

[24] 陆化普，文国玮. BRT 系统成功的关键：带形城市土地利用形态 [J]. 城市交通，2006，5：14-15.

[25] 同 [24]

第 6 章　重大节事影响下的城市形态演变层级

随着重大节事规模及其影响力的扩大，举办城市由关注重大节事自身规划逐步转变为关注它与整个城市发展的关系，以及周边更大地区的规划和发展。国际展览局（BIE）在考察世博会的申办城市时，城市发展已经成为不可或缺的重要内容。BIE 非常重视世博会项目和城市战略规划之间的联系，不仅考察世博会的计划，而且考察主办城市的发展战略、世博会项目与该战略的契合程度以及世博会在城市发展中可能起到的作用。同时，也特别关注世博会结束后城市可持续发展的可能性，避免这个地区成为孤立的城市碎片[1]。由此可见，重大节事相关设施的建设不仅对区段的形态结构产生决定性的影响，还将对更大范围的城市结构形态甚至区域结构形态影响。从与城市各层级规划的联系来看，重大节事对城市形态的影响包含宏观、中观、微观三个层面，因此重大节事影响下的城市形态演变可归纳为三个层次：区域结构形态演变（宏观）、城市结构形态演变（中观）、城市区段形态演变（微观）。

6.1　区域结构形态演变

随着重大节事的规模逐步扩大，由单一城市举办的形式逐渐发生了改变，城市群、跨境城市联合等多种新的形式出现，在更大内涵的“城市”中举办重大节事，使得重大节事的影响涉及更大范围的城市发展，对城市区域结构形态演变产生重要影响。

6.1.1　城市群的聚集效应

重大节事的迅速发展，使得重大节事的举办必须依托周边城市和临近的新城，同样，重大节事的影响辐射范围也扩展至以主城市为中心的城市群。从城市群的层面看，世博会基本上是城市的世博会，而举办城市总是有一个经济实力强大的腹地区域作为支撑。目前世界上有六大城市群，包括美国东北部大西洋沿岸城市群、北美五大湖城市群、欧洲西北部（巴黎）城市群、英国以伦敦为核心的城市群、日本太平洋沿岸城市群和中国长三角城市群，每个城市群中基本上都有多个城市在不同时候举办过世博会（表 6-1)。这些城市群都有很强的经济实力，在本国经济中占很大的比重，是本国乃至全世界的科技发源地和经济中心，这些条件为城市群的城市成功举行世博会奠定了基础；同时，世博会的成功举行也促进了城市群的发展与壮大，日本太平洋沿岸城市群就是 20 世纪 70 年代成功举办大阪世博会之后而最终形成的[2]。

世界六大城市群与世博会 **表 6-1**

城市群名称	举办地	举办时间
美国东北部大西洋沿岸城市群	纽约	1939～1940年、1964～1965年
	费城	1876年
北美五大湖城市群	芝加哥	1893年
	蒙特利尔	1967年
欧洲西北部（巴黎）城市群	巴黎	1855年、1867年、1878年、1889年、1900年、1925年、1931年、1937年
	布鲁塞尔	1910年、1935年、1958年
	汉诺威	2000年
	阿姆斯特丹	1883年
英国以伦敦为核心的城市群	伦敦	1851年、1862年、1908年
日本太平洋沿岸城市群	大阪	1970年
	爱知	2005年
中国长三角城市群	上海	2010年

资料来源：张学良．世博会与区域经济发展的互动关系研究［J］．世界经济研究，2006，4：13.

2010年上海世博会的举办，对以上海为中心的长三角城市群整体发展而言，是一个重要的契机。长三角地区的城市在社会、经济、文化等方面所具有的高度关联性，决定了世博会必然会给长三角地区的城市带来重要的发展机会（图6-1、图6-2）。上海世博会对长三角城市群形态演变将产生以下几方面的效应[3]：（1）世博经济的外向溢出。除了世博会场直接的建设投资外，“世博经济”所带动的行业将不受限于城市行政边界，而向关联度较大的长三角周边城市溢出。上海世博会7000万人次的参观者，将成为长三角其他城市旅游业发展的潜在客源。溢出效应还体现在由此而导致的长三角地区城市投资环境的整体改善。（2）世博会运作的城际合作。长三角地区的城市在工业制造、建筑技术等方面具有明显的相对优势，世博会的场馆、交通和城市建设都离不开长三角地区城市的协同合作，在旅游、会展、物流、建筑、商贸、环境治理等领域，更需要长三角乃至整个华东地区的广泛支撑。因此，城市间逐渐建立起的相互依托关系将向社会、文化、科技及基础设施建设等领域延伸。（3）区域产业结构的联动。世博会将促成产业结构在区域范围内的分离和重组，从而实现长三角地区城市的协调发展。中心城市上海在会展、广告、流通和城市建设尖端领域快速进入操作层面，并将逐步形成国际范围的竞争力。一些具有传统产业特征的产业类型和实体将逐渐分离，长三角周边城市因其在相关产业资源、成本和技术上的相对优势，将成为这些产业的重要流向。

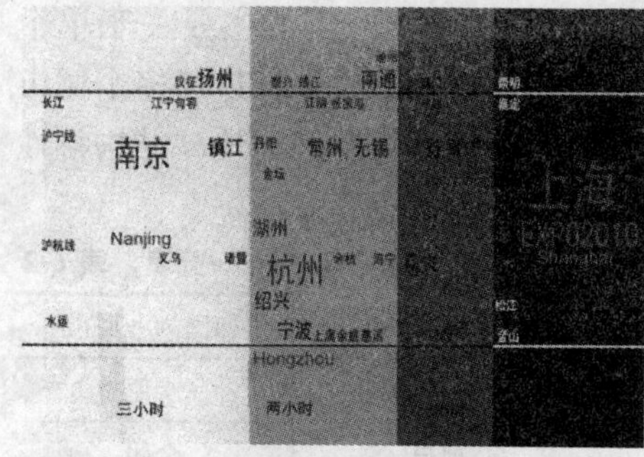

图 6-1　上海周边城市群关联示意图

资料来源：吴志强，周俭，夏南凯.2010 上海世博会规划［J］. 理想空间.2004，12：19.

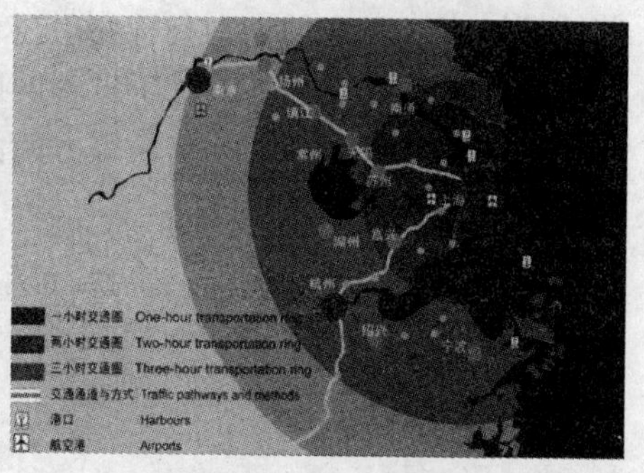

图 6-2　上海周边城市群交通圈示意图

资料来源：吴志强，周俭，夏南凯.2010 上海世博会规划［J］. 理想空间. 2004，12：19.

上海世博会对长三角城市群的形态及结构产生诸多影响和效应，而实现和决定影响范围的关键支撑体系在于区域范围的基础设施体系，其中区域交通设施的功能设置和建设，将直接影响世博会的影响范围与程度。上海的“莘奉金”、“沪青平”和 A30 三条高速公路的建设，使上海通往江浙两省的快速通道增至 7 条；沪宁高速公路和沪杭高速公路也正在进行扩容和升级。另外，港口、机场、电力、通信和天然气领域也开始成为区域经济整合的门槛。上海与长三角周边城市的区域基础设施整合和迅速升级，将强化城市群的聚集效应，并将进一步扩大世博会对区域结构形态的影响力。

总的来说，重大节事与城市群之间的关系主要体现为：一方面，城市群为重大节事的举办提供更为广阔的腹地，更多的资源得到共享，还能避免短期大量重复建设导致的资源浪费；另一方面，重大节事的成功举办，能促进主要城市之外的邻近城市的发展，加强城市之间多方位的联系，促进城市群的形成与发展。当然，多个城市之间存在一定的差异，要充分发挥重大节事的积极作用，把重大节事的影响向非节事举办地扩散，需要协调城市之间的竞争和合作关系，制定不同的发展策略，并且以建构完善的区域基础设施体系作为基本支撑。

6.1.2　跨境城市联合

2002 年第十七届世界杯足球赛是历史上为数不多的、由两个国家承办重大节事的案例。由世界杯日本组委会、韩国组委会和两国足协共同发表的声明中曾指出，世界杯有史以来的第一次两国合办是成功的，并且具有改善日韩关系的历史意义，合办最重要的意义在于“开创了两国关系的新局面”，两国球迷和普通市民增进交流是“日韩关系上的历史性事件，促进了两国关系发展”[4]。

这次世界杯的比赛由两个国家的总共 20 个城市承办，包括：日本的横滨、大阪、新泻、大分等城市，以及韩国的汉城（首尔）、釜山、蔚山、西归埔等城市（表 6-2）。对每个城市来说，世界杯的影响可能主要在于单个体育场的新建或改建。但对于日韩两国来说，世界杯的举办促进了多个城市间的经济、文化、旅游、交通等方面的联系，强化了城市间的地域结构特性（图 6-3）。

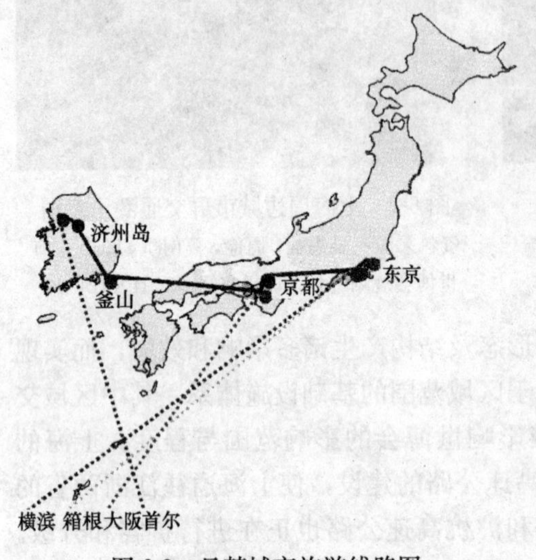

图 6-3　日韩城市旅游线路图

资料来源：http://www.waalk.com

日韩世界杯的举办城市一览表　表 6-2

日本举办城市	韩国举办城市
大阪	水原
神户	全州
宫城	大田
静冈	蔚山
大分	光州
横滨	汉城（首尔）
仙台	大邱
茨城	仁川
札幌	釜山
新泻	西归埔

资料来源：http://www.cctv.com

随着日韩世界杯的成功举办，许多国家都看到了主办世界杯的希望，因为这样的联办形式得到了认可。国际足联曾发表联合声明指出，两个原先关系一般的国家联合举办世界杯，能够很好地合作，并改善两国之间的关系[5]。此外，联合主办世界杯还能创造一个更新的足球环境，给世界杯带来一种新的文化。因此，许多国家都将有联合主办世界杯的可能。这使欧洲国家坚定了联合申办 2008 年欧锦赛的信念，欧洲 14 个国家向欧足联曾递交了 7 份申办报告，除了俄罗斯、匈牙利是单独申办外，希腊和土耳其、克罗地亚和波黑、苏格兰和爱尔兰、奥地利和瑞士都是要求两国合办，而丹麦、芬兰、挪威和瑞典则是首次 4 国联合申办[6]。这些联合申办国家表示，联办能极大地分散主办国的经济负担，它们愿意以这样的方式参与举办更多的节事。

然而，以跨境城市联合的方式举办重大节事，也存在一定的负面影响。除了比赛场地分离带来的交通、食宿等不便，多个举办地之间存在的不均衡还将给城市旅游业带来负面影响。如果联合举办国家互为旅游客源市场，联合举办国之间流动的减少可能会削弱重大节事的旅游带动效应。例如：2002 世界杯举办期间，日本客源的减少是韩国世界杯期间直接接待人数锐减的主要原因，日本是韩国第一大客源国，在韩国入境客源结构中所占比重在 40%以上，日本市场的缺失同韩国入境旅游接待量之间的波动具有很强的相关性和同步性[7]。

重大节事规模日益扩大的趋势下，跨境城市联合举办的情况可能随之增多。这一举办方式有利于不同国家的多个城市之间的交通联系得到有效改善，也有利于促进更大范围的城市群的形成。但这一方式对于城市间的协调能力要求更高，因此，跨境城市联合举办要综合评估城市的联合能力，包括：交通的便捷、经济的平衡、文化的多样等等，其中经济的平衡是联合的基础，交通的便捷是联合的关键。

6.2 城市结构形态演变

从城市层面来看，重大节事往往能够成为城市空间结构的变化与调整的转折点，尤其当城市进入快速城市化阶段、城市空间结构急需调整时，重大节事设施的选址、布局和建设能起到关键性作用。

多次举办重大节事的城市，其城市空间形态演变通常受到重大节事带来的极大影响。节事设施的选址和建设与城市的发展需求结合，将对城市空间形态演变产生重要的触媒作用。巴黎和巴塞罗那两个城市的案例，体现了选址与城市空间形态演进之间紧密的关联性，由于具体的尺度与方式的差异，它们分别代表了选址的两种模式：（1）多次选址之间具有重叠性，对城市某一区域的空间演变将产生引导与反复强化的作用，通常发生在城市核心区，以重大节事为契机促进其形态的逐步形成；（2）多次选址之间的重叠性弱，但空间的延续性明显，能够以重大节事为契机分阶段地实现城市空间架构，其数次选址的影响范围较大，波及城市整体范围的更新与再开发。

6.2.1 选址与城市空间结构演变

一、巴黎——选址的重叠性促进城市核心区的形成

同一城市多次举办相同类型的重大节事，不仅能够提高相关设施的利用率，而且其产生的类似空间形态能使空间特征得到强化。巴黎城西第七区的城市空间结构形态的演变，与1855～1937年间举办的七次世博会关系密切。另外，值得一提的是，1958年和1989年世博会的申办虽然以失败告终，但仍然对巴黎后来的城市规划和建设起到了关键性的指引作用（图6-4）。

1. 1855～1937年世博会选址促成和强化城市轴线的形成

1855年世博会的场址建设以产业宫（曾作为1789年世博会场馆）为主，新增了机械馆（Palalis des Machines）和美术馆作为辅助场馆。虽然这些场馆在会后被拆除，但产业宫场址却被作为未来荣军院轴线上的一个重要节点被保留了下来，1900年的世博会就在其旧址上建设了大宫和小宫。

1867年世博会选择了巴黎城西的战神玛尔斯广场（Champ de Mars），这一选址奠定了此后数届世博会的举办地点，对于巴黎城西区的形态演变具有决定性的影响。1878年世博会发展到了塞纳河对岸的夏约山（Chaillot Hill），将塞纳河纳入展区内，并成为推动该地区城市化建设的一个契机

（图 6-5）。塞纳河这一要素在 1889 年世博会又得到进一步强化，塞纳河左岸发展出一条连续的会展空间，连接东西两个会场，同时西展区的轴线也延伸到夏约山（Chaillot Hill）。

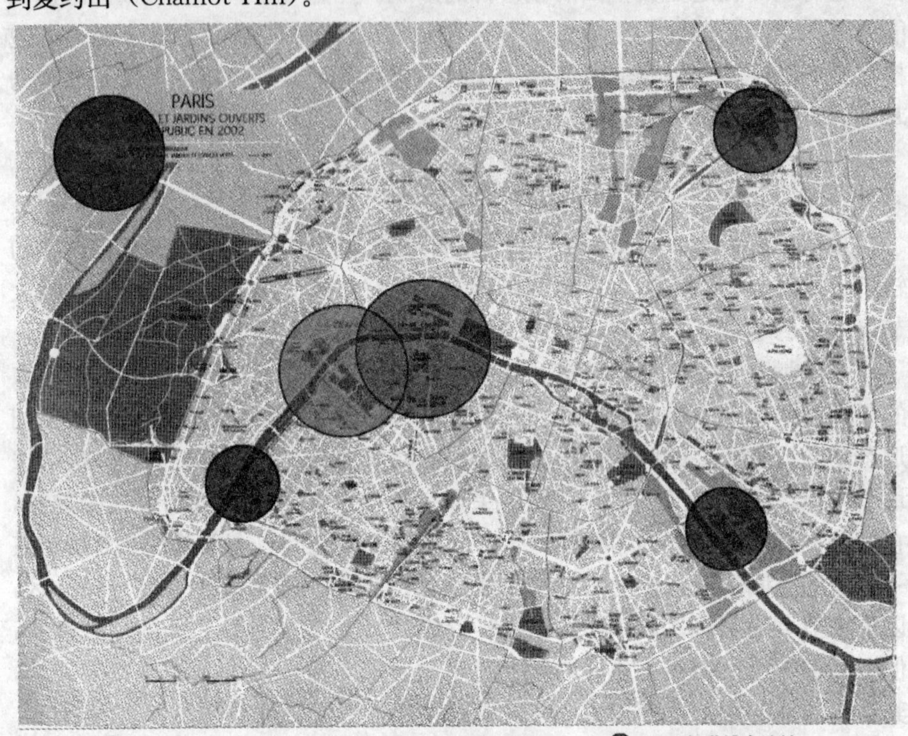

1867年、1878年、1889年、1900年、1937年世博会选址　　1958年世博会选址

1889年、1900年、1925年、1937年世博会选址　　1989年世博会选址

图 6-4　1867～1989 年巴黎申办世博会选址示意

资料来源：作者自绘

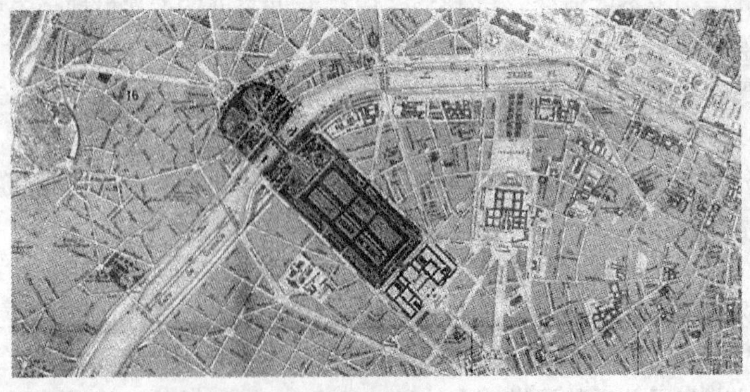

图 6-5　1878 年巴黎世博会与城市关系

资料来源：卓健．大事件——作为都市发展的新战略工具——从世博会对城市与社会的影响谈起［J］．时代建筑，2003，4：29.

伴随着巴黎第一条地铁的建成，1900 年世博会园区的建设，为城市西区的空间发展带来更直接的影响（图 6-6）。一方面，塞纳河轴线得到进一步发展，展馆布局由左岸发展为两岸；另一方面，通过亚历山大三世桥、大宫、小宫的建设，世博会东区的建筑组群将原来的城市轴线从布荷德耶（Breteuil）广场延伸到香榭里舍大街的克莱蒙梭（Clemenceau）广场。这一新的城市轴线北接卢浮宫——凯旋门轴线，南接夏约山——蒙巴纳斯轴线，基本奠定了巴黎西部第七区的城市格局，经过近百年的发展，该区逐渐成为今天巴黎城最重要的行政办公区和高尚住宅区，并被划定为巴黎城内具有重要历史文化价值的两个国家级历史保护区之一[8]。

图 6-6　1900 年世博会建设形成城市的两大主轴线

资料来源：Simon Texier. Paris Contemporain. Paris：Parigramme，2005：18.

1925 年世博会的选址以 1900 年博览会形成的轴线为基础，以塞纳河为依托沿轴线对称布置，并对一部分沿河展馆进行了再利用。

1937 年世博会则延续了有着百年历史的两条轴线：横轴—塞纳河，纵轴—武洛枷德罗（Tro-cadero）广场经埃菲尔铁塔到战神玛尔斯广场，并增加了作为第三层次的轴线：亚历山大三世大道（图 6-7）。

可见，1855～1937 年 7 次巴黎世博会的选址具有重叠性，在不断进行强化和发展的过程中，形成了特征明确的城市空间结构形态。

2. 申办 1958 年、1989 年世博会的选址促进城市更新

巴黎曾经申办过 1958 年和 1989 年两次世博会，虽然最终未能如愿举行，但当时的选址和城市规划策略却影响了后来长远的城市建设。巴黎于 1950 年申办 1958 年世博会，选址在卢浮宫—协和广场—凯旋门这一重要城市轴线的延长线上，并计划在世博会后以此为基础建立集中的城市办公和生活区，从而形成巴黎新的中心区。申办失败后，巴黎政府于 1955 年在原有

选址和规划基础上进行了第二次城市规划，并开始实施（图 6-8～图 6-11）。经过近半个世纪的发展，该区已经发展成为著名的德方斯新区，并成为新区建设的典范。

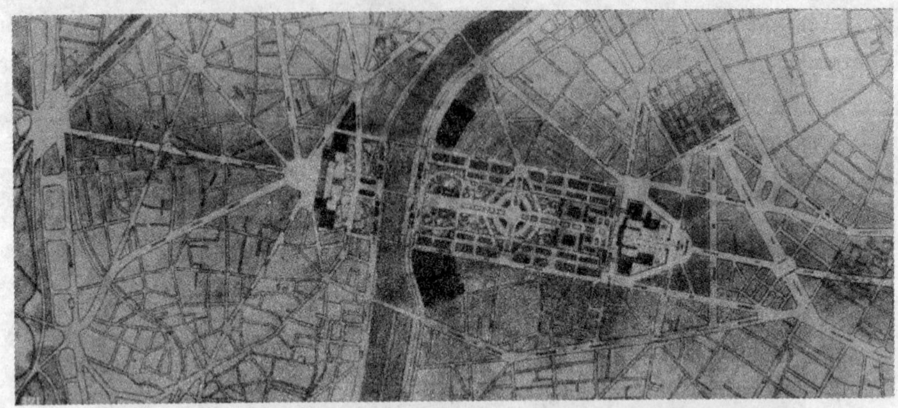

图 6-7　1937 年世博会规划方案（1934 年提出）

资料来源：Simon Texier. Paris Contemporain. Paris：Parigramme，2005：100.

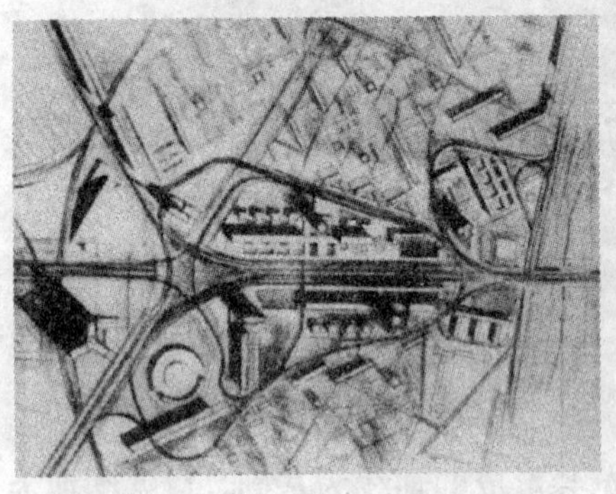

图 6-8　1956～1958 年德方斯的规划草图 1

资料来源：Simon Texier. Paris Contemporain. Paris：Parigramme，2005：166.

图 6-9　1956～1958 年德方斯的规划草图 2

资料来源：Simon Texier. Paris Contemporain. Paris：Parigramme，2005：166.

图 6-10　1960 年德方斯规划方案

资料来源：Simon Texier. Paris Contemporain. Paris：Parigramme，2005：167.

图 6-11　1967 年德方斯建成情况

资料来源：Simon Texier. Paris Contemporain. Paris：Parigramme，2005：167.

此后，巴黎又曾以“自由之路，新千年的方案”为主题，申办1989年世博会，计划将城内的几片废弃地作为世博会选址，进行改造、建设和复兴。然而这几片用地分散于城市的东西部，并缺乏交通联系，导致准备工作持续2年之后最终宣布放弃举办世博会。不过，废弃地的后续建设却一直在继续，最终改造为巴黎城市中新的公共空间并成为著名的改造典范，包括：城市西区的雪铁龙公园、城市东区的国家图书馆和贝西公园、拉维莱特公园。

从巴黎城市空间结构形态的演变过程中，可以清晰地看到重大节事如何逐步改变城市结构和城市空间。在整个发展演变过程中，节事选址的重叠与再现是重要的特征，并以城市中心区为主进行建设，城市的轴线空间因此不断地得到强化。对于塞纳河沿岸的地区，一系列的选址不仅使世博会设施能够得到及时的更新和利用，并使地区发展得以酝酿和持续。

二、巴塞罗那——选址的延续性促进城市整体更新

巴塞罗那同样也是多次举办过重大节事的城市，并受到深刻影响。与巴黎不同的是，巴塞罗那举办过的重大节事类型并不完全相同，在多次举办的过程中，城市空间得到延续性的更新和发展。从城市整体格局来看，其数次节事的选址之间具有明显的延续性特征（图6-12）。

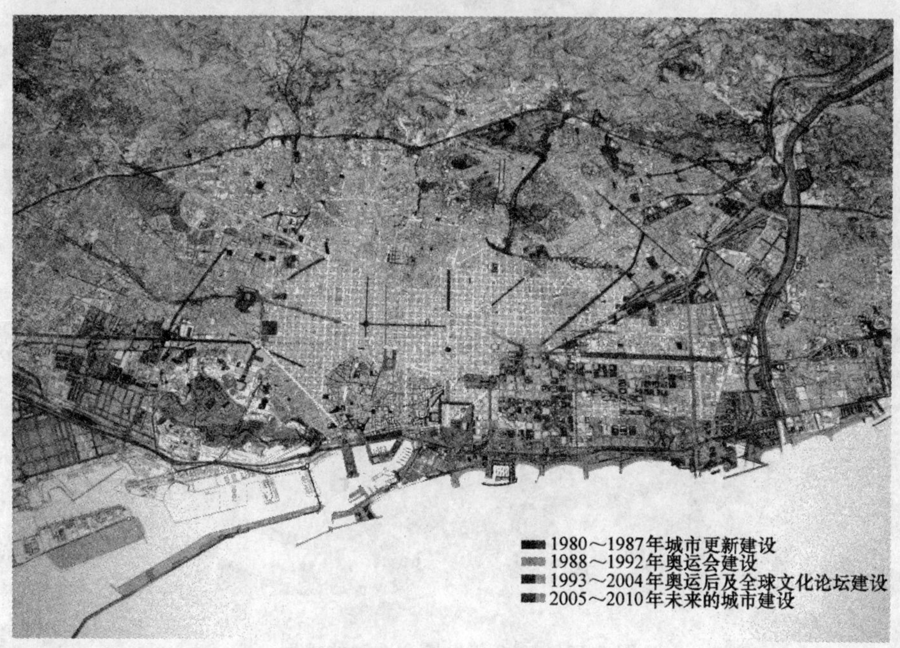

图6-12　巴塞罗那城市更新阶段示意图

资料来源：巴塞罗那城市规划展

1. 1888年世博会——城市中心的更新建设

巴塞罗那城市第一次举办的重大节事是1888年世博会，并由此带来城

市的首次更新[9]。由于经济的迅速发展，当时的巴塞罗那已经开始改造老城区、建设城市公共场所，并着手重建兰布拉大街。此次世博会的选址位于斯图戴乐（Ciutadella）公园，是为纪念1714年战争胜利而修建的公园（图6-13）。斯图戴乐公园原是城市中比较封闭的场所，仅有一个出入口。作为世博会选址之后，公园便进行了一系列的改造建设：设计中增加了新的空间轴线和出入口，使老城区与北部扩建区的空间联系加强，并以高架的步行天桥加强了老城区与港口区的联系；城市中心边缘新建了环城道路，并沿环路建成加泰隆尼亚广场；城际铁路伸入城市中心边缘，道路系统也得以完善，使扩建区逐步成为老城区空间上的良好延续（图6-14）。实际上，世博会的建设覆盖了城市中的3个区域：老城区、扩建区和港口区，并为加强三者之间良好的联系作出了贡献（图6-15）。

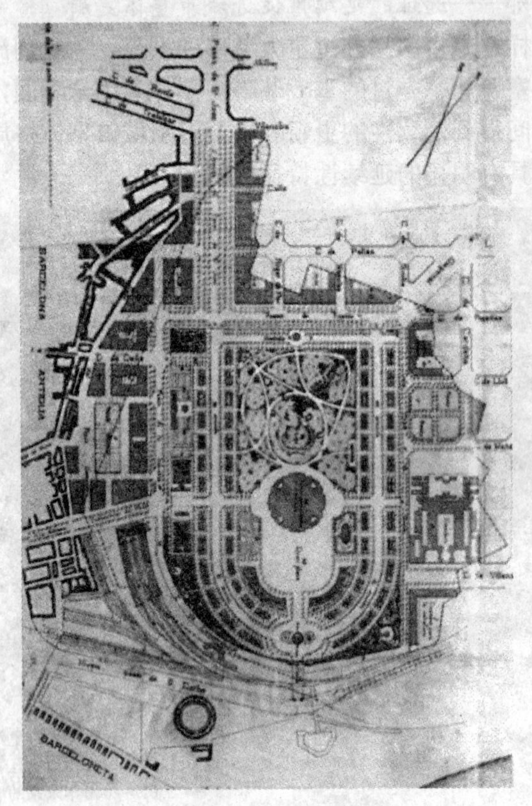

图6-13　1888年世博会选址的规划

资料来源：BARCELONA——the urban evolution of a compact city［M］. Harvard University Graduate School of Design，2005：155.

此外，这次世博会建设为城市提供了高质量的基础设施，不仅提升了当时的城市设施服务水平，更有利于城市长远地发展。

图 6-14　1888 年世博会选址对城市发展及空间的影响分析

资料来源：作者自绘

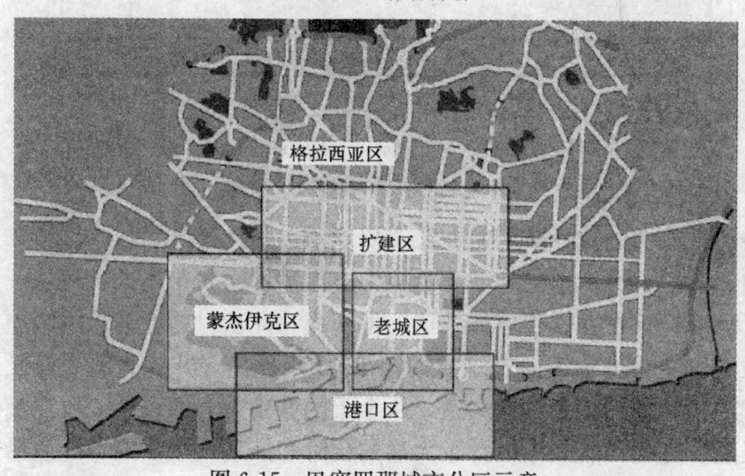

图 6-15　巴塞罗那城市分区示意

资料来源：张尚宜编著．巴塞罗那——地中海精神的凝聚之地［M］．北京：社会科学文献出版社，2004：94.

2. 1929 年世博会——开发城市西部的蒙杰伊克山

由于 1888 年世博会为巴塞罗那带来的变化使城市更具魅力，因此在后来的城市规划过程中，世博会被作为重要因素被充分考虑，而且世博会在城市中的选址成为核心问题备受关注[10]。

1909 年的城市规划中，巴塞罗那的第二次世博会选址有两种选择。其一，设在城市东部的贝索斯（Besos）公园，即三大城市轴线：格兰维（Gran Via）大道、迪亚格纳尔（Diagonal）大道和玛丽德纳（Meridiana）大道的交点，这一区域在规划中被定位为城市新的中心区（图 6-16）。其二，城市西部的蒙杰伊克山作为城市极具标志性的空间，成为选址的另一选择，目的是通过举办世博会促使山顶公园的改造更新，并强化城市与众不同的特色。

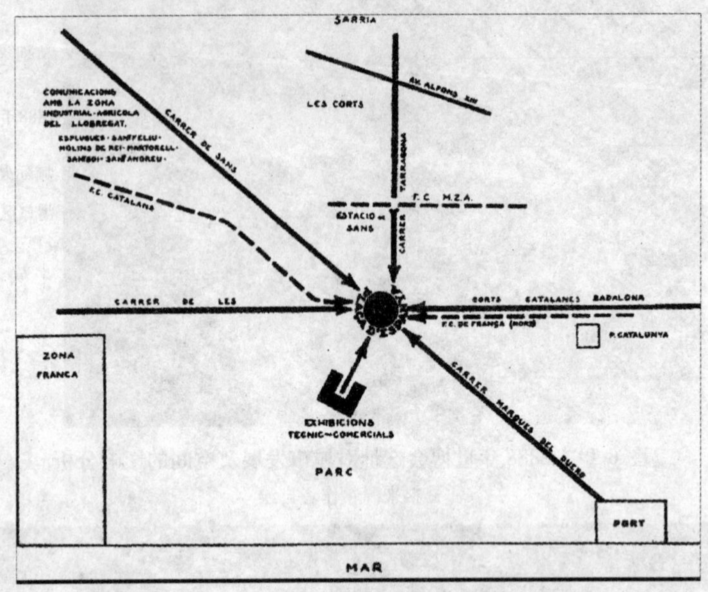

图 6-16　西班牙广场——城市轴线的交汇点

资料来源：BARCELONA——the urban evolution of a compact city［M］. Harvard University Graduate School of Design，2005：228.

最终世博会的选址被确定在蒙杰伊克山，显然西部将成为城市未来的发展方向，同时也显示出巴塞罗那希望为这次世博会带来不同的环境、景观与感受，世博会首次在山顶举行，这一特征成为此次世博会最大的吸引点。

蒙杰伊克山的世博会规划方案在 1915 年提出，并成为整个建设过程的指引：严格对称的中央轴线大道，从今天的城市中心西班牙广场向南一直延伸到蒙杰伊克山；规划中设计了大量的台阶和广场，主要展览建筑沿主轴线布置在一系列的台地上；轴线端部布置了具有大穹顶的纪念性建筑国家宫（图 6-17、图 6-18）。

西班牙广场强烈的形式感为会展建筑提供了良好的景观背景，几条城市轴线交汇于此，使广场的设计显得更为关键和迫切。由于战争和政治因素的影响，广场的改造和会展建筑的建设断断续续，从 1917 年开始到 1925 年还在进行，因此，举办世博会的计划延至 1929 年。

1929 世博会对巴塞罗那城市发展影响深远。蒙杰伊克山成为公众场所，并成为独一无二的城市公园。城市西部的两大部分，迪亚格纳尔（Diagonal）大道和西班牙广场的发展得到促进：迪亚格纳尔（Diagonal）大道向西延伸，与伊斯布鲁格斯大道（Esplugues）交汇，并形成百米宽的城市林荫大道；西班牙广场随着世博会的建设开发也逐步成型，蒙杰伊克山边的柱廊和一系列砖砌的博览会酒店形成了广场重要的空间界面（图 6-19、图 6-20）。

图 6-17　1929 年世博会规划方案

资料来源：BARCELONA——the urban evolution of a compact city［M］.
Harvard University Graduate School of Design，2005：220.

图 6-18　1929 年世博会址建成后的鸟瞰

资料来源：BARCELONA——the urban evolution of a compact city［M］.
Harvard University Graduate School of Design，2005：222.

图 6-19　开发建设前的西班牙广场

资料来源：BARCELONA——the urban evolution of a compact city［M］.
Harvard University Graduate School of Design，2005：229.

图 6-20　改造后的西班牙广场成为具有活力的城市中心
资料来源：BARCELONA——the urban evolution of a compact city［M］. Harvard University Graduate School of Design，2005：229.

3. 1992 年奥运会——城市大范围的开发与更新

1992 年奥运会对巴塞罗那来说是影响最大的节事，带动城市 4 个区的开发与更新：蒙杰伊克区、对角线区、沃迪布朗区和帕克迪马区。分布于城市之中的四个赛区形成两个层次：1 个主赛区和 3 个分赛区，形成典型的“主中心＋多个次中心”的布局模式。主赛区选址蒙杰伊克山（图 6-21），1929 年世博会时建设的西班牙广场和中轴线空间仍然是重要的入口空间，世博会时的许多建筑也被改造后再利用，如：举行击剑比赛的梅达拉瑞馆是 1929 年世博会最大的建筑之一，而新闻中心则利用原有的展览馆和会议宫等 4 栋建筑，其总建筑面积达 5.1 万 m^2[11]。

图 6-21　奥运会使蒙杰伊克山得以再次开发
资料来源：BARCELONA——the urban evolution of a compact city［M］. Harvard University Graduate School of Design，2005：403.

此外，巴塞罗那开创了奥运会新的举办模式，强调奥运设施为城市自身发展服务，强调奥运投资直接对应城市的长远需求，通过举办奥运会实现城市的更新与可持续发展。例如：从巴塞罗那奥运会各赛区投资情况比较分析，作为主中心的蒙杰伊克赛区，其投资比重仅为第二，而由于涉及到城市滨水区域的改造与更新，帕克迪马区的投资额最高，比重高达 57.67%。从奥运会后的再利用来看，帕克迪马区也是最受市民和旅游者欢迎的地区，并且容纳大量的城市活动，成为城市不可分割的部分（分析详见第 5 章）。再如：为奥运会修建的 40km 环路为分布在城市不同方向的四个赛区提供便捷的交通联系（图 6-22），并在奥运会后成为城市的高速环路，最终形成的城市交通网络北至法国，南到西班牙南部城市，不仅加强了城市内部各区的联系，还加强了与城市外部区域的联系。另外，巴塞罗那的滨海地带进行再开发，成为受欢迎的公共空间，虽然兰布拉大街及滨海区的改造在 20 世纪 80 年代已经开始，但真正实现质的飞跃还是 1992 年奥运会。

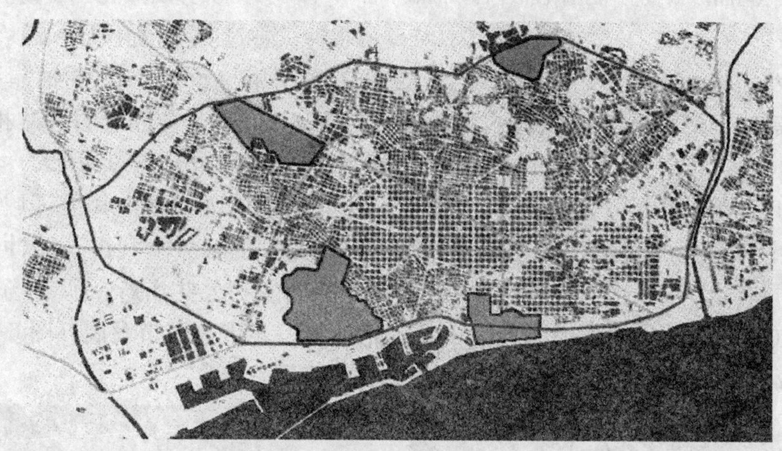

图 6-22　40km 环路奥运会联系四个赛区，并在奥运会之后成为城市交通网络的重要部分

资料来源：作者自绘

巴塞罗那奥运会的布局与选址，显然延续了前两次世博会的选址和建设：奥运会主会场选址于蒙杰伊克山（1929 年世博会选址），使之得以进一步开放和再开发；奥运村选址于斯图戴乐公园（1888 年世博会选址）的东侧，使城市进一步向滨海开放。

4. 2004 年全球文化论坛——城市东部新区的开发

为了纪念 1929 年巴塞罗那世博会 75 周年，2004 年巴塞罗那政府策划和组织了“全球文化论坛”这一新的重大节事，论坛的主题是如何形成和平、可持续发展、文化传播交流的世界环境。论坛在联合国教科文组织的支持下，由巴塞罗那市政府、加泰罗尼亚政府和西班牙政府共同组织举办。以“全球文化论坛”作为强大的驱动力，一系列的城市东部新区发展计划随之大范围地展开[12]。

论坛主场的选址位于巴塞罗那城市经过25年发展形成的4大城市轴线：滨海线、贝索斯（Besos）河、迪亚格纳尔（Diagonal）大道和兰布拉普（Ramble de Prim）大道的交汇处（图6-23），论坛的规划建设不仅要将四条城市轴线融入会场区的空间，而且必须通过设计保持各轴线的个性特征。

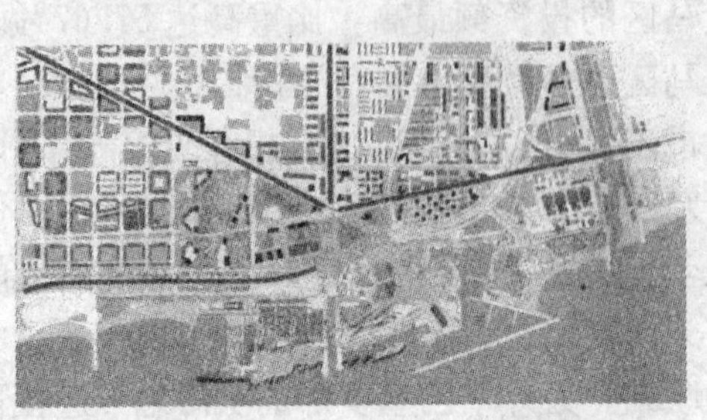

图6-23　论坛主会场区选址于城市轴线的交汇处

资料来源：Barcelona City Council. The Besos Planning Reform［M］. BIMSA：Barcelona，2006：52.

其规划的具体做法是：通过贝索斯（Besos）河的再开发，将20世纪90年代中期开始改造的萨塔（Santa）镇的河岸公园改造延伸至海边；继续滨海线的改造，与1992年奥运会改造的海滩相连，形成长达14km延绵不断的城市公众海滩；迪亚格纳尔（Diagonal）大道沿线开发为办公区、酒店区和会议中心区，加强该区与城市其他区域的联系；主会场区的空间设计为轴线的交汇提供巨大的公共空间进行缓冲和过渡，同时也为新的公共建筑提供各种类型的公园和公共场所，所有场馆都在2004全球文化论坛时被充分利用，之后进一步促进城市发展（图6-24～图6-26）。

图6-24　建设中的论坛主会场区（2002）

资料来源：Barcelona City Council. The Besos Planning Reform［M］. BIMSA：Barcelona，2006：17.

图6-25　改造更新后的论坛主会场区（2004）

资料来源：The Besos Planning Reform［M］. BIMSA：Barcelona，2006：57.

图 6-26 论坛主会场区规划布局及功能分区图

资料来源：作者根据 The Besos Planning Reform [M]：84 改绘

巴塞罗那城市空间结构形态的演变过程中，重大节事选址的延续性体现了城市空间不断拓展的需求，对数次节事留下的城市资源进行了积极地整合，实现了以重大节事为契机的城市范围的更新。

6.2.2 选址类型与特征

综合以上案例的分析，其重大节事的选址具有以下特征值得借鉴：(1) 优先选址在城市中具有特征的区域，比如待开发的滨水、临山等区域，这样不仅能促进城市特色空间的开发，还能为重大节事的举办提供与众不同的空间场所；(2) 选址关注城市发展问题集中的区域，比如城市发展轴的交汇区域，集污染、景观、交通等问题于一身的荒废区域，由于重大节事具有"特殊性"和"复杂性"，不仅能够依靠政策指引高效地解决这些区域的问题，还能为区域周边的后续发展提供稀缺资源；(3) 选址确定后，具体的城市空间规划和设计应以梳理城市空间、解决城市问题为目的，而不是打造面子工程，重大节事作为城市触媒的作用才能真正得以发挥，城市空间形态才能得以理性发展。

另外，重大节事的选址与城市中心的关系，可大致划分为四类：城市核心区、城市中心边缘、城区边缘、城市近郊。选址决策与城市的发展阶段直接相关（表 6-3）。当城市发展处于起步阶段，重大节事设施选址一般位于城市核心区，对城市空间结构形态影响较弱；当城市进入快速发展阶段或扩展阶段，往往选址于城区边缘和城市近郊，提供更多的用地之外，更重要的是以此为契机进行新城建设、拓展城市空间，这类选址对城市空间结构形态有着决定性的改变和影响；而当城市发展趋于饱和、稳定时，选址则一般重新回到城市核心区或城市中心边缘，以此作为城市改造的有效手段，对城市空间结构形态起到调整和改善的作用。

重大节事选址与城市发展阶段　　表 6-3

<table>
<tr><th></th><th>城市核心区</th><th>城市中心边缘</th><th>城区边缘</th><th>城市近郊</th></tr>
<tr><td>城市发展初期阶段</td><td colspan="2">提升城市经济发展动力</td><td>—</td><td>—</td></tr>
<tr><td>快速发展或扩展阶段</td><td>—</td><td>—</td><td colspan="2">建设新城以实现城市空间拓展</td></tr>
<tr><td>发展趋于饱和稳定阶段</td><td>—</td><td colspan="2">城市改造的有效手段，调整城市形态</td><td>—</td></tr>
</table>

资料来源：作者自绘。

6.2.3 选址的权衡

重大节事的选址绝不是简单的事情，需要考虑的因素很多，最终的答案也并不是惟一的，针对城市的具体情况进行权衡和选择的过程中，是否有利于城市可持续发展是最重要的原则和标准。1990 年亚运会和 2008 年奥运会的举办，对北京城市空间结构形态的影响一直受到国内学者的关注。利用亚运会和奥运会举办，调整和改善北京城市空间结构，对此学术界早有共识，然而具体的选址是否能有效地实现空间结构调整，却有着诸多的争议。

北京为举办 1990 年第十一届亚运会，以集中布局的方式兴建了国家奥林匹克中心，包括游泳馆、综合体育馆、田径场、曲棍球场等，周围还建有国际会议中心、五洲大酒店和亚运村，其选址位于北京市四环北路中部，是当时的北京城市边缘区。选址的目的就是实现城市空间拓展，并形成新的城市增长极，带动城市近郊的发展。政府为此进行了大规模开发，尤其是基础设施方面。但北京整体的空间结构决定了亚运选址仍是“摊大饼”中的其中一层，并未跳出老城区的结构，亚运建设只是城市新区建设，而非新城建设。由于缺乏必要的产业支持、基础设施建设的相对滞后，使奥林匹克中心和亚运村不仅没能转移城市的功能和压力，反而加剧了城市中心的交通等问题。

2008 年奥运会的申办成功，又一次为北京城市空间结构的调整带来了契机。对于利用奥运会改变北京城市空间结构和增长方式，许多学者早已明确提出这一机遇的重要性，并且建议通过奥运会建设形成城市的“双核”结构（图 6-27）。陈秉钊先生曾形象地提出北京的城市结构应当是一个“双黄蛋”。赵燕菁先生也认为“2008 年的奥运会不是北京建设新城的第一次机会，但却可能是最后一次机会。……如果北京抓住这次奥运会提供的机会，成功实现城市结构的转变，就能利用后发优势，在同汉城（首尔）和东京竞争东北亚中心城市时抢占有利位置”[13]。实际上，2008 年奥运会对北京城市发展产生的关键性影响，主要体现为对北京城市总体空间布局的改变。2004 年公布的《北京城市空间发展战略研究》提出，北京将完善“两轴”、发展“两带”、建设“多中心”，形成“两轴、两带、多中心”的城市空间新格局。奥林匹克公园选址位于中轴线的北端、CBD 商务中心区和中关村科技园区之间的地带，建成后将形成新的以奥林匹克公园、中关村科技园区、CBD 商务中心区三大城市功能区为主的布局结构，这种城市布局的改变将使整个北京城市中心北移，并对北京城市发展产生革命性的影响。然而，这次的城市结构调整仍然没有采用建设新城的方式促进“双核”结构的实现，其中主中心奥林匹克公园的选址是关键因素。

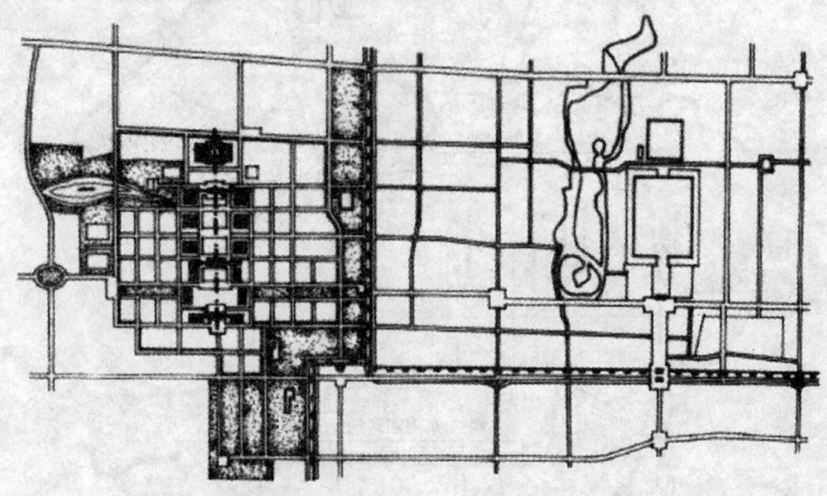

图 6-27 最早提出北京城市“双核”结构的“梁陈方案”

资料来源：王军．城记［M］．北京：三联书店，2003：95.

对于奥林匹克公园的选址，最初曾经有北郊方案（目前的选择），东南四环方案（东南四环和京津唐快速交叉处）和亦庄方案（北京经济开发区发展用地），即选址存在南北城之争（图 6-28）。有学者认为，北京在发展过程中，城市结构呈现“摊大饼”的发展态势，如果选址南城则有利于发展外围副中心和远郊卫星城，吸引城区人口外迁。此外，由于历史原因，北京城市南、北发展不平衡，城南建设相对滞后，若选址南城将有效缩小南北差距，有利于城市均衡发展[14]。更有学者直接指出，奥林匹克公园最终没有选址南城，实现南部的产业调整，形成北京城市的均衡发展，促进京津唐环渤海城市群的形成，很有可能使北京丧失完善城市空间布局的大好机遇。这种结构性、策略性的影响也许是永久的[15]。

但是，选址北城的确有相当明显的优势，不仅能够有效地利用重叠性选址的优点，充分利用原有亚运场馆和配套设施，而且能进一步促进北城的建设与发展，具体来说有以下几点：第一，选址北城符合北京城市总体规划，以举办奥运会为契机，发展建设城市中轴线北部地区，形成新的城市公共活动中心和新的城市形象；第二，选址位于市区中心地区和绿化隔离带的交接地带，环境优美；第三，该区场馆集中程度高，与其他奥运会的相关设施距离相对较近，联系方便；第四，城市的主要快速环线——四环、五环路穿过奥林匹克公园内部，交通方便；第五，周围城市建设区已基本形成，基础设施较为完善；第六，周边地区人口比较密集，配套设施完善，有利于赛后使用。

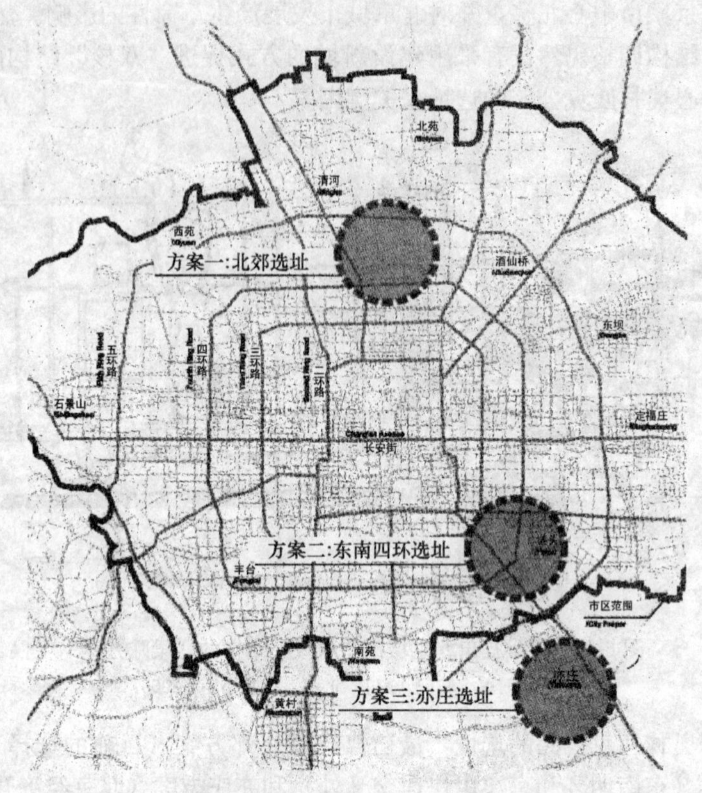

图 6-28　北京奥林匹克公园的三个选址方案示意

资料来源：作者自绘

当然，从客观的角度来看，任何选址都有利有弊。关键的问题是如何更有效地与城市总体的长远发展目标切合，这是选址权衡取舍的根本。因此，正如前文所述，重大节事的选址是关联各方面的复杂问题，不仅要考虑城市发展阶段、重大节事的规模和影响程度，更要考虑城市甚至区域的长远发展。

6.3　城市区段形态演变

区段形态是城市微观形态的缩影，具有代表性的区段，可以从其演化轨迹中透视城市的演化轨迹。重大节事对于城市区段形态演变的影响表现为两类：(1) 启动效应。区段的再开发计划中，重大节事是核心驱动力，通过节事设施的建设，直接带动区段周边土地开发，从而逐步实现区段社区的整体建构；(2) 催化效应。区段再开发计划已经完备，甚至已经开始实施，重大节事是区段再开发过程中的“催化剂”，对开发计划的实施起到促进作用，但不具有决定性作用。两者相比，前者重大节事的作用和影响力是显性的，节事建设直接形成区段的核心区，并对周边土地的开发具有明显的边界效应，后者重大节事对区段的影响作用比较隐性，区段的再开发计划并不因为节事是否举办而发生改变，节事的作用体现为对区段整体发展的促进。

6.3.1 启动效应

城市利用重大节事的契机，进行衰落地区复兴或新区建设时，重大节事往往作为区段开发的启动要素，直接带动该地区的建设和发展。

2000 年悉尼奥运会的主会场选址距悉尼城市中心以西 14km 的霍姆布什湾（Homebush Bay）。这个地区曾经拥有最大的屠宰场，是工业产品和皮革制品的制造基地（图 6-29），第二次大战后随着工厂的关闭，大部分地区逐步变成荒地和工业废料丢弃地[16]。但霍姆布什湾是悉尼西部的关口，振兴这一地区对改善当地状况和振兴悉尼经济都具有重要意义。20 世纪 80 年代中期，政府开始为霍姆布什湾修建道路和服务设施，并于 1990 年提出总体规划，为申办奥运会留出必要的建设用地。1992 年该区制定了环境治理总体规划，将其复兴目标确定为“一体化开发的新滨水城镇和理想的 2000 奥运基地”[17]。20 世纪 90 年代是悉尼准备奥运的十年，也是启动和加速霍姆布什湾再开发计划实施的十年（图 6-30）。

悉尼为奥运会修建的奥林匹克公园占地只有 $150hm^2$，但形成了占地达

图 6-29 霍姆布什湾曾经拥有最大的屠宰场，是工业产品和皮革制品的制造基地（1915 年）

资料来源：Caroline Markaness，Caroline Butler-Bowdon. Sydney：Then and Now［M］. San Diego：Thunder Bay Press. 2005：90.

760 hm^2 的霍姆布什湾地区的核心区。大量集中的体育设施、展览中心和新火车站，不仅在奥运会时发挥重要作用，还在奥运会之后转化为该地区社区发展的基础设施；紧邻奥林匹克公园建设的奥运村，也在赛后成功转化为新型住宅区。显然，奥林匹克公园对带动周边地区的产业发展和住宅开发起到了积极作用，奥林匹克公园、奥运村、双世纪公园和千禧公园，共同形成了新的霍姆布什湾地区。

图 6-30　悉尼奥林匹克公园对于霍姆布什湾的再开发具有决定性作用（2000 年）

资料来源：Caroline Markaness，Caroline Butler-Bowdon. Sydney：Then and Now [M]. San Diego：Thunder Bay Press. 2005：91.

可见，悉尼奥运会的建设对于霍姆布什湾的再开发计划来说，具有至关重要的启动作用。不仅直接带来大面积用地的建设和开发，而且在后续发展中继续起到核心区的带动作用，最终形成整个地区的发展核心，为地区的后续发展提供动力。

6.3.2　催化效应

重大节事对区段再开发的催化效应，往往体现为城市基础设施的升级、公共空间体系的建构以及节事给城市留下的场所记忆。许多城市在世博会结束之后，虽然将大部分展馆和设施拆除，但世博会的其他相关建设，对区段开发仍然具有重要的促进作用。1988 年澳大利亚布里斯班为举办世博会，对南岸滨水地区进行改造，会后大部分的建筑被拆除，仅有尼泊尔宝塔等少量建构筑物被保留下来，但世博会对于南岸地区后续开发的催化效应是不能被抹杀的（图 6-31）。

图 6-31 布里斯班世博会后南岸公园融入城市发展
资料来源：作者拍摄

布里斯班南岸滨水区原本是城市中码头、冷库、渔业市场以及州际铁路运输终点的所在区域。该地区拥有大量的廉价酒店和木屋，也有充满活力的剧院、电影院、舞厅和夜间娱乐部，使之成为城市的娱乐区。这些码头自1960年一直废弃，昆士兰州政府于1977年首次开始对这一地区进行大规模的再开发，计划将沿河的1.9hm^2土地开发为多功能的文化中心区，并通过维多利亚桥与城市CBD区相连。随后，昆士兰艺术廊于1982年建成，昆士兰博物馆、州立图书馆和演艺中心在20世纪80年代中期建成，这些建筑都由高架的步行通道相连，形成整体的文化中心区。另外，1979年在废弃的码头区还建成了一座私人经营的小型海洋博物馆，占地大约1.5hm^2。

1983年，正值澳洲200周年纪念，布里斯班获得1988年世博会的举办权，政府议会决定将文化中心区与海洋博物馆之间废弃的500m宽的滨水带作为世博会的选址（图6-32），实际上，这也正是完善1977年开发计划的契机。通过世博会的设施建设，极大地促进了这一滨水地区的改造，河流治理与基础设施的建设为后续发展仍然提供了良好的基础。1989年世博会结束后，议会决定将该地区进一步改造为公众滨水公园，并将周边27hm^2的用地开发为商业居住混合用地。开发计划于1990年提出，在世博会原有环境的基础上，加建配套服务设施改造成公众滨水公园，并于1992年建成开放。此后，该地区的改造计划还在不断地继续完善：公寓区和旅馆区在20世纪90年代中期建成；布里斯班会展中心在1995年建成，成为布里斯班的地标建筑，并与地铁站相连；新建的步行桥连接南岸公园与CBD区，于2001年开放；位于文化中心区北端的昆士兰现代艺术廊计划在2006年以后建成，为连接该区与CBD区将新建另一座步行桥，并进一步开发北岸的地区。至此，改造后的南岸公园已经成为城市的公共活动中心，每年吸引多达500万游客[18]。

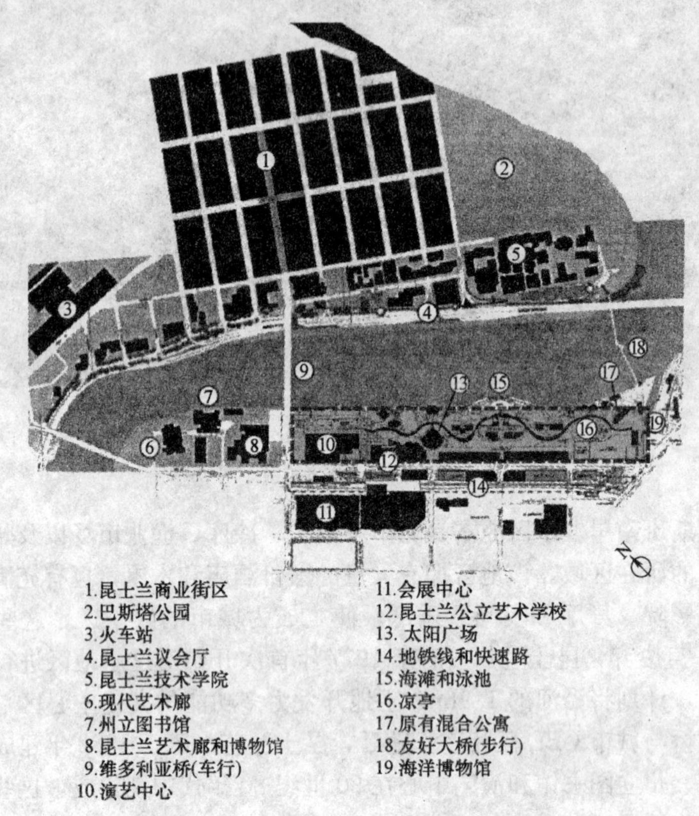

图6-32　布里斯班南岸公园及周边地区平面图

资料来源：作者根据TPR，2006，2：174整理改绘

可见，布里斯班南岸滨水地带的改造自1977年开始至今，已经成功地实现了城市旧区的复兴计划，1988年世博会是整个区段复兴计划中的一部分，促进了地区环境的整治和基础设施建设，并给地区留下了场所记忆，是这一复兴计划的"催化剂"。

6.4　层级特征总结及其建设策略分析

重大节事影响下的城市形态演变层级特征及其建设策略如下。

1. 区域层级的特征

（1）重大节事规模的日益扩大，使重大节事的举办趋向依托周边城市和临近的新城，重大节事的影响辐射范围扩展至以举办城市为中心的城市群，并促进城市群的进一步发展；（2）跨境城市联合这一特殊的举办形式带来更大范围的区域结构形态演变，同时也带来组织、交通、客源分流等负面影响。

建设策略：（1）要充分发挥重大节事的积极作用，应该注重把重大节事的影响向非节事举办地扩散，适当将节事的部分功能分散到周边地区，加强举办地与周边城市地区的交通联系是关键；（2）跨境城市联合举办要综合评估城市的联合能力，经济发展的平衡是联合的基础，交通联系同样是关键。

2. 城市层级的特征

（1）重大节事选址对城市结构形态的影响：重叠性选址，对城市某一区域的空间演进将产生引导与反复强化的作用；延续性选址，能够以重大节事为契机分阶段地实现城市空间架构，促进城市整体范围的更新与再开发；（2）根据重大节事的选址与城市中心的关系，可大致划分为4类：城市核心区、城市中心边缘、城区边缘、城市近郊，选址决策与城市的发展阶段直接相关。

建设策略：（1）选址的权衡不仅要考虑城市发展阶段、重大节事的规模和影响程度，更要考虑城市甚至区域的长远发展；（2）优先选址在城市中具有特征的区域，比如待开发的滨水、临山等区域，这样不仅能促进城市特色空间的开发，还能为重大节事的举办提供与众不同的空间场所；（3）选址应当关注城市发展问题集中的区域，比如城市发展轴的交汇区域，集污染、景观、交通等问题于一身的荒废区域，由于重大节事具有“特殊性”和“复杂性”，不仅能够依靠政策指引高效地解决这些区域的问题，还能为区域周边的后续发展提供稀缺资源；（4）重叠性和延续性选址可以互相结合，既强化空间特征，又能促进城市整体空间结构形态的发展；（5）选址确定后，具体的城市空间规划和设计应以梳理城市空间、解决城市问题为目的，重大节事作为城市触媒的作用才能真正得以发挥。

3. 区段层级的特征

（1）重大节事对于城市区段形态演变的影响表现为两类效应：重大节事对区段开发具有启动效应，直接带动区段周边土地开发；重大节事对区段开发具有催化效应，对开发计划的实施起到促进作用，但不具有决定性作用；（2）两者相比，前者重大节事的作用和影响力是显性的，具有决定性的作用；后者重大节事对区段的影响作用较为隐性，区段的再开发计划并不因为节事是否举办而发生改变，节事的作用体现为对区段整体发展的促进。

建设策略：（1）利用重大节事的启动效应建设新区或复兴旧区，必须对重大节事的性质、规模和城市区段的条件进行综合评估，并利用节事的次核心功能和衍生功能扩大节事的积极影响。（2）利用重大节事的催化效应促进区段开发计划的实施，应关注节事后的资源利用，包括基础设施、公共空间体系以及节事的场所记忆等。

本章小结

本章对重大节事影响下的城市形态演变的三个层次：区域结构形态演变（宏观）、城市结构形态演变（中观）、城市区段形态演变（微观）分别进行了案例分析，并总结出其中的共性和规律，以及存在的问题。

重大节事的迅速发展，使得重大节事的举办不得不依托周边城市和临近的新城，重大节事的影响辐射范围也扩展至以主城市为中心的城市群。“区域结构形态演变”主要对城市群和跨境城市联合两种情况进行分析。两者都能够为重大节事的举办提供更为广阔的腹地，更多的资源得到共享，还能避免短期大量重复建设导致资源浪费。另一方面，重大节事的成功举办能加强城市之间多方位的联系，促进邻近城市甚至邻近国家的发展。但多个城市之间存在的差异、多个举办地之间存在的不均衡，将给城市带来负面影响，需要关注和重视。重大节事对城市群的形态及结构产生诸多影响和效应，实现和决定影响范围的关键支撑体系在于区域范围的基础设施体系，其中区域交通设施的功能设置和建设，将直接影响重大节事的影响范围与程度。

重大节事对城市结构形态影响的程度，与重大节事的选址以及城市自身的发展阶段有密切关系。城市多次举办类似的重大节事，对城市结构形态的调整和完善有着重要意义。“城市结构形态演变”通过对巴黎和巴塞罗那两个城市案例的深入研究，分析其数次举办重大节事的选址与城市空间结构形态演变之间的关联性，总结出其选址的共性特征，以及重叠性选址与延续性选址对城市形态的影响，并根据重大节事的选址与城市中心的关系，梳理出四类选址决策，分别对应不同的城市发展阶段。当然，重大节事的选址是关联各方面的复杂问题，其权衡不仅要考虑城市发展阶段、重大节事的规模和影响程度，更要考虑如何有效地与城市总体的发展目标切合，有利于城市甚至区域的长远发展。

通过对悉尼奥运和布里斯班世博两个案例的分析，归纳出重大节事对于城市区段形态演变的影响分为两类：（1）启动效应。重大节事是区段再开发计划中的启动要素，通过节事设施的建设直接带动区段周边土地开发，城市利用重大节事的契机进行衰落地区复兴或新区建设时，往往属于此种情况。（2）催化效应。区段的再开发计划已经完备，甚至已经开始实施，重大节事是区段再开发过程中的“催化剂”，对开发计划的实施起到促进作用，但不具有决定性作用。重大节事对区段再开发的催化效应，往往体现为城市基础设施的升级、公共空间体系的建构以及节事给城市留下的场所记忆等。两者相比，前者重大节事的作用和影响力是显性的，后者重大节事对区段的影响作用较为隐性。

参考文献

[1] Renzo LECARDANE，卓健. 大事件——作为都市发展的新战略工具—从世博会对城市与社会的影响谈起 [J]. 时代建筑，2003，4：28-29.

[2] 张学良. 世博会与区域经济发展的互动关系研究 [J]. 世界经济研究，2006，4：13.

[3] 费定，熊锦云. 作为重要事件的世博会与上海城市发展的阶段跨越 [J]. 规划师. 2006，7：17.

[4] 第十七届世界杯足球赛是历史上首次由两个国家承办的足坛盛会 [EB/OL]. 体坛周报，2002 年 7 月 1 日，http://www.china.org.cn/.

[5] 联合举办世界杯 [EB/OL]. 新华社，2002 年 7 月 3 日，http://www. china.org.cn/.

[6] 欧洲小国以世界杯为榜样 [EB/OL]. 金羊网，2002 年 7 月 1 日，http://www. ycwb.com.

[7] 马聪玲. 大型赛事对旅游目的地影响研究——以韩国世界杯为例 [EB/OL]. 2002～2004 年中国旅游发展：分析与预测. 天津商业大学图书馆. http://202.113.82.2/.

[8] Renzo LECARDANE，卓健. 大事件——作为都市发展的新战略工具——从世博会对城市与社会的影响谈起 [J]. 时代建筑，2003，4：28-29.

[9] Joan Busquets. BARCELONA——the urban evolution of a compact city [M]. Harvard University Graduate School of Design，2005：151.

[10] 同 [9]：220.

[11] 马国馨. 体育建筑论稿——从亚运到奥运 [M]. 天津：天津大学出版社，2007：124.

[12] Council for editions and publications of the Barcelona City Council. The Besos Planning Reform [M]. BIMSA：Barcelona，2006：16-18.

[13] 赵燕菁. 奥运会经济与北京空间结构调整 [J]. 城市规划，2002，8：35.

[14] 桂琳. 北京 2008 年奥运会场馆及设施总体规划 [J]. 北京规划建设，2001，2：50～53.

[15] 马晓春. 奥运场馆为何选址在北城 [N]. 市场报. 2001 年 8 月 30 日第八版.

[16] Caroline Mackaness and Caroline Butler-Bowdon. Sydney：Then and Now [M]. San Diego：Thunder Bay Press，2005：90.

[17] 何韶. 亲历悉尼争办 2000 年奥运会 [A]. 《建筑创作杂志社》主编. 建筑师看奥林匹克 [M]. 北京：机械工业出版社，2004：91.

[18] Quentin Stevens. The design of urban waterfronts：A critique of two Australian 'Southbanks' [J]. TPR，2006，2：173-177.

第7章　重大节事影响下的广州现代城市形态演变历程

对于不同的城市而言，重大节事的范畴和影响力是有差异的。城市的规模、发展阶段、发展条件不同，重大节事的级别和设施建设需求不同，最终两者互相产生的关联和影响存在根本性的差别。从我国城市的举办和经验来看，广州作为多次举办过节事的城市，其节事建设与城市发展结合紧密，其发展历程具有典型性。

7.1　广州现代城市空间结构形态发展概述

建国前广州是一个传统的商业性城市，工业基础相对薄弱。建国之初，广州建立“变消费性城市为生产性城市”的目标，广州的产业结构出现了变化，工业发展进入了新的时期，但国家的工业布局重点及主要资金投入放在东北及内地城市，因此，广州整体的城市形态变化不大，在旧城边缘出现了一些工业片区。当时的城市中心仍然在旧城区，海珠广场、流花湖地区先后成为广州重点开发建设地区，中苏友好大厦、广州体育馆和华侨大厦成为这一时期广州新的标志性建筑。

进入20世纪50年代末至60年代初的大规模经济建设调整时期以后，广州的住宅建设和市政建设都有了一定的发展，城市建设的重点地区仍然还是以海珠广场、流花湖为中心。1950年广州修复了在抗日战争中被炸毁的海珠桥，不仅打通了河南河北的陆上交通，而且直接带来海珠广场的更新建设。1958年海珠广场东侧选址新建广交会展馆，1959年广场北面再新建10层高的陈列馆，1960年又兴建园林式展览馆“谊园”，海珠广场成为广州对外贸易的中心和文化娱乐中心。“二五计划”期间，以流花湖为中心兴建了广州医学院、广播电视大学、羊城宾馆等大型建筑，使这一地区逐步成为广州新的繁华区。60年代中期至改革开放之前，城市中心区的建设仍然集中在海珠广场、流花湖地区，同时环市东路地区也开始建设。1968年，海珠广场建成广州建国后的第一座高层宾馆，27层的广州宾馆。1970年广东省汽车客运站建成投入使用，随后流花宾馆、电报电话大厦、邮政大楼、民航售票大楼等大型公共建筑相继建成，1974年广交会迁址，改建后的中国出口商品交易会展览馆使流花湖地区形成了广州对外交通枢纽和对外贸易中心。总体来看，改革开放前，广州形态生长处于一个缓慢的发展水平，中心城区形态演变的动力不大，城市总体形态基本上延续了建国前的形态格局[1]。在这个发展阶段中，广交会对于广州旧城海珠广场、流花湖地区的核心地位的形成具有重要的意义。

20 世纪 80 年代改革开放之后，广州对城市建设和发展的认识发生了变化，对城市功能的认识由原来的“生产性城市”，上升为“多功能的地域社会经济活动的中心”。广州的社会经济机制由传统的社会主义公有制和高度集中的计划经济向社会主义市场经济转化，成为影响城市形态演变的主要因素之一。周霞曾在《广州城市形态演进》一书中，归纳这一时期广州城市总体发展特征，主要表现为：在城市边缘大规模地开辟和拓展城市新区，城市呈圈层式质密状水平扩大；新的高层或超高层建筑大量出现，形成新的城市中心区，城市突破以往低平的天际线，向垂直方向扩张；旧城区从局部修补转向结合城市房地产开发的全面旧城改造等等。总的来说，20 世纪 90 年代之前，城市建设用地的发展仍以东、南方向为主，城市空间结构虽然规划为带状组团式，但城市呈圈层式质密状水平扩大的态势明显；90 年代之后，城市则呈现出放射状蔓延和旧城区圈层质密状水平发展相结合的态势[2]。在这一阶段中，六运会、九运会以及新广交会的建设，与广州城市扩张的需求相契合，不断进行新城区的建设，将广州城市空间架构分别向东、南方向拓展，使之呈现出“放射状蔓延”的态势。

7.2 广交会与广州旧城中心的形成

早期的重大节事与城市规划的关系，大多都属于自下而上的类型。这个时期的城市规划尚未成熟，而重大节事的发展却相当迅速。城市的发展受到重大节事的深刻影响，包括：政治、经济、文化、城市建设等多方面。广交会与广州越秀区流花路地区五十年发展的关系正是这一类型的典型范例。

7.2.1 初期的选址之变

最初的几届广交会曾在 4 个地点举行，包括：原中苏友好大厦、侨光路陈列馆、起义路陈列馆、流花路展览馆（图 7-1～图 7-3）。首届和第二届广交会均租用原中苏友好大厦作展馆，而后广东省和外贸部指示将广交会的部分展品保留下来，并确定兴建一个长期性的“中国出口商品陈列馆”，于是 1957 年选择了位于广州市内商业较为集中、交通比较便利的海珠广场东南角南堤大马路地段（今侨光路）兴建陈列馆[1]。时值中国国民经济建设第二个五年计划的全面开展，对外贸易迅速发展，刚落成的侨光路陈列馆只使用一届，场地便显不足。于是，广东省和外贸部决定在海珠广场北边另建陈列馆，即起义路陈列馆。同样由于场地的需要，广东省政府分别于 1963 年批准将原侨光路陈列馆拨回给广交会作为“分馆”（轻工、工艺品展洽场地）；于 1968 年批准将海珠广场西侧的两幢平房展览馆及其附属建筑物调拨给广交会，作为部分土畜产品的展洽场地[3]。此时，广交会已拥有 3 处展馆（表 7-1）。

图 7-1　广交会选址变迁图（1957～1974 年）

资料来源：作者自绘

图 7-2　原中苏友好大厦

资料来源：http://www.da.gd.gov.cn

图 7-3　1959～1973 年选址，起义路陈列馆

资料来源：http://www.da.gd.gov.cn

广交会举办和建设的初期，选址一直不断变更，其原因除了广交会规模逐年迅速扩大，场馆面积估计不足之外，更重要的是当时的城市规划对广交会的重要地位缺乏足够的认识，未能在总体规划上明确其发展方向。1958～

1976 年间编制的广州市城市总体规划第 10～13 共 4 轮方案中，未能体现出对广交会的足够关注。这一阶段，对于广交会的选址、建设等方面，政府和外贸部的意见是主要决定因素，而总体城市规划的介入则相对较少。不过，在地区性的规划中，曾提出广交会的地区中心作用。1964 年，广州市城市建设委员会修订的《流花湖地区详细规划》中，提出“北面以铁路广场为中心，南面以中国出口商品交易会为中心，围绕两个中心来组织整个地区的交通、绿化和建筑组群”[4]（图 7-4）。这是首次在规划中正式明确广交会的地区核心地位，这时广交会已经是第 8 届了。

广交会选址变迁一览表（1957～1974 年）　　表 7-1

届　数	举办地点	地　段	展览场地（万 m^2）
第一、二届(1957 年)	原中苏友好大厦(租用)	人民北与流花路交汇	0.96
第三、四届(1958 年)	侨光路陈列馆(新建)	侨光路	1.3
第五届(1959 年春)	侨光路陈列馆	侨光路	1.3
第六届(1959 年秋)	起义路陈列馆(新建)	起义路	3.45
……			
第十三、十四届(1963 年)	起义路陈列馆（1963 秋，侨光路陈列馆作为分馆）	起义路	4.75
……			
第十九、二十届(1968 年)	起义路陈列馆(侨光路陈列馆作为分馆，海珠广场西侧展览馆作为分馆)	起义路	4.95
……			
第三十、三十一届(1974 年)	流花路展览馆（原中苏友好大厦为基础扩建）	人民北与流花路交汇	11.05（建筑面积）
……			

资料来源：作者根据《广州建设年鉴》、《中国出口商品交易会志》整理绘制。

7.2.2　大规模开发建设形成旧城中心格局

进入 20 世纪 70 年代，流花地区开始了大规模的开发建设。为了适应形式发展的需要，广交会于 1971 年 1 月向广东省和外贸部提出了以海珠广场 3 处展馆换取中苏友好大厦，并以其为基础扩建新展馆的要求。同年，向国务院呈上了《关于扩建广州交易会展馆请示报告》，国家计划委员会、建设委员会和财政部批准立项、拨款[5]。新展馆于 1972 年动工，1974 年 4 月建成并交付春季交易会使用。新建成的流花路展览馆是由围绕 5 号馆的 27 幢建筑形成的展览建筑群，此后又经过了多次扩建与改建。

广交会在流花地区的形成和演变过程中，具有明显的带动和促进作用。1961 年 10 月，在原中苏友好大厦的对面，建成当时规模最大的羊城宾馆

(现在的东方宾馆)；1968 年 4 月，在起义路陈列馆附近，建成当时全国最高的广州宾馆，随后又建成流花宾馆、白云宾馆等大量星级酒店；此外，友谊剧院的扩建工程、国际电信大楼、广州民航售票大楼、广州火车站等的建设，都紧紧围绕流花路展览馆展开。20 世纪 80 年代初，作为广州首家商旅结合的多功能酒店——中国大酒店紧邻东方宾馆建成，流花路的格局基本形成，并成为广州城市最具有标志性和活力的街区之一(表 7-2、图 7-5)。

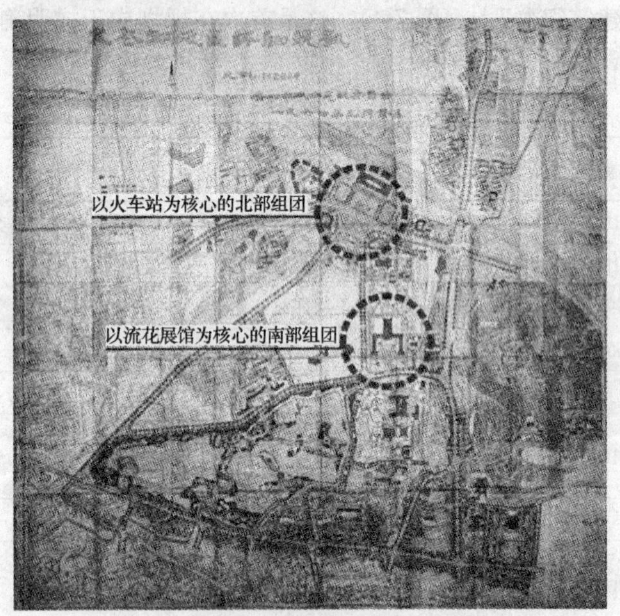

图 7-4 流花湖地区详细规划(1964 年)

资料来源：作者根据流花地区的规划与建设[A]：109 改绘

流花展馆周边部分项目建设情况 **表 7-2**

建设时间	名称	性质	位置	建筑面积(万 m^2)	建筑规模
1959～1961 年	东方宾馆(原名羊城宾馆)	酒店	流花路	4.2	主体建筑 8 层，客房 600 间
1972～1973 年	东方宾馆二期扩建(原馆西侧)	酒店	流花路	4.5	主体建筑 12 层，高 43m
1968 年建成	广州宾馆	酒店	起义路	2.65(营业)	主楼 27 层，高 86.51m，客房 441 间
1972 年	流花宾馆	酒店	环市西路	5.59	客房 750 间
1964～1965 年	友谊剧院(1987 年改建更新)	剧院	人民北路	2	座位 1560 个
1974 年	广州火车站	交通	环市西路	2.95(主楼)	—
1981～1984 年	中国大酒店	酒店	流花路与解放北交汇处	15.9	主体建筑 18 层，1200 多间客房

资料来源：作者根据《广州建设年鉴》、《越秀区志》、广州市城市规划局网站等资料整理绘制。

图 7-5　流花展馆周边重点项目及建设时间

资料来源：作者自绘

20 世纪 70 年代大规模的城市开发建设，使流花地区逐步发展成为广州市的对外交通枢纽及对外贸易中心。1986 年，广州市规划勘测设计研究院编制《流花街规划》，强调该区是广州市的窗口和对外交通的枢纽，各项建设必须按照城市规划的要求进行，并注重城市景观设计和环境绿化[6]。至此，广交会的重要地位在地区规划中得到进一步明确，周边地段的开发建设也基本完成。

经过 50 年的发展，广交会形成的流花商贸区已经成为广州旧城的核心地区之一，并且在新一轮的广州城市分区规划中得到明确和强化。2005 年越秀分区规划提出，越秀区的规划目标为"突出传统城市风貌特色，保持集商贸、行政、旅游、居住生活为一体的旧城中心区地位，优先发展商贸旅游业和服务业。通过完善公共服务设施、市政公用设施，形成优良的商贸旅游环境和生活居住环境"[7]。同时，新一轮规划对流花展馆地段融入城市公共空间体系给予了充分重视。规划将"以流花湖公园及越秀公园为主体，连接草暖公园、兰圃、中山纪念堂、中国进出口商品交易会广场、东方宾馆广场、以太广场等区域”定位为“城市空间开敞区”[8]，目标是实现流花湖地区整体空间体系的建构和调整。

7.2.3 自下而上的发展特点

总的来说，自下而上的发展特点主要体现在重大节事先行，而非规划先行，重大节事对城市建设和城市发展已经逐步产生影响，政府通过后续规划来明确和强化重大节事的作用，后续规划往往能相对客观地反映重大节事的影响力，对重大节事的地位和作用进行较为清晰的定位。但另一方面，由于规划的相对滞后，对已经形成的格局难以进行修正和改善，由此造成的城市问题难以解决。例如：流花路的交通问题一直困扰广交会，也阻碍了流花地区的发展。流花路是联系人民北路和解放北路的重要城市干道，但道路宽度明显不够，加之中国大酒店和东方宾馆两个大型五星级酒店的出入口直接与流花路接驳，广交会期间流花路的交通压力倍增，对城市居民的通勤交通造成极大的影响，这些问题正是由于规划的相对滞后所导致。因此，重大节事的相关建设需要宏观规划的尽早介入和指引，避免在自下而上的发展过程中，缺乏全局考虑而对城市造成长期的负面影响。

7.3 六运会与广州新城中心的形成

城市迅速发展过程中，由于空间扩展或城市更新的需要，将重大节事作为实现城市总体发展目标的重要手段之一，并在城市总体规划中得以重视和体现，以城市规划为前提和依据进行重大节事的选址和相关建设，这是自上而下的发展类型。六运会建设的天河体育中心与广州天河区的发展关系就是典型案例。

7.3.1 选址与城市发展需求的契合

虽然六运会于1987年举办，但选址原天河机场建设体育中心、并形成新的城市中心区在城市总体规划中早有体现。1954年广州市城市建设委员会（简称城建委）编制的3个城市总体规划方案❶中，第2方案曾强调“市中心应是城市的几何对称中心，因而把市中心规划向东移至天河机场”[9]。此后，第5方案和第7方案也提出同样的规划设想（图7-6～图7-8）。1959年的城市总体规划方案第10方案再次提出“在天河机场旧址建设全市性体育活动中心和园林化住宅”[10]。由于种种原因，这一规划构想始终未能得以实施。直到1982年，当国务院批准广东省承办1987年第六届全国运动会时，利用天河机场兴建体育中心的想法才得以明确，并在城市总体规划中正

---

❶ 1954～1975年间，在不同政治、经济社会背景和技术指导下，广州市城市建设委员会先后提出了13轮城市总体规划方案。1954年上半年，曾同时编制了3个城市总体规划方案。

式提出。1984 年 9 月，国务院以国函字［1984］139 号文批准了广州市城市总体规划，广州市第一次有了经国务院正式批准的城市总体规划，也就是经过修改的广州城市规划第 14 轮方案。第 14 轮方案中确定广州城市采取带状组团式的发展，旧城区为第一组团，天河区为第二组团，第三组团为黄埔地区。其中天河区确定发展为科技文教区，主要以文教、体育、科研单位为主，积极开辟天河体育中心综合区，兴建科学技术开发区[11]。由此，天河区作为城市新中心的格局已经确定，并在后续的城市总体规划中得以强化（图 7-9）。

图 7-6　广州市城市总体规划图（第 2 方案，1954 年）

资料来源：广州城市总体规划第 1～13 方案［A］：86

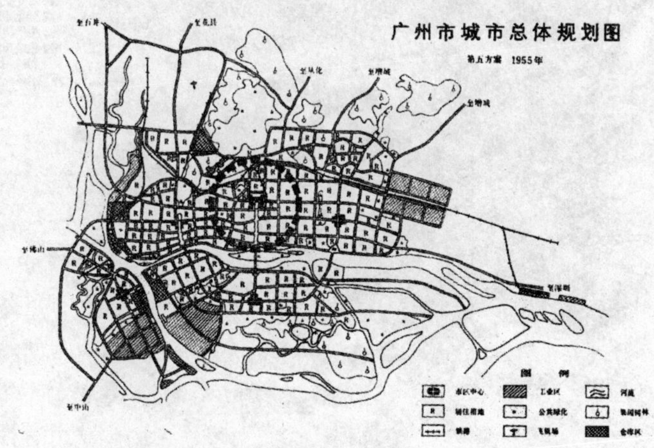

图 7-7　广州市城市总体规划图（第 5 方案，1955 年）

资料来源：广州城市总体规划第 1～13 方案［A］：88

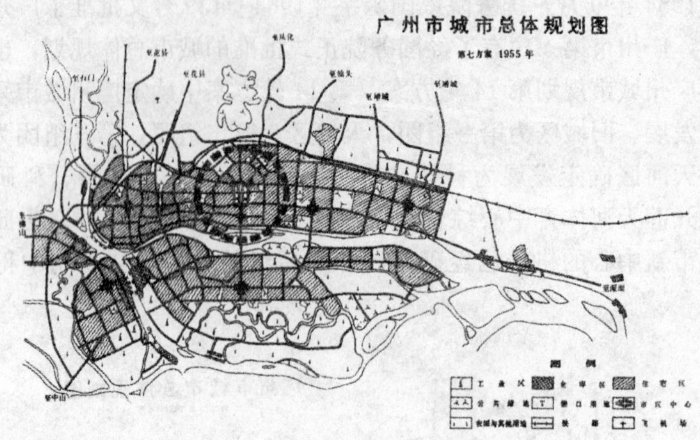

图 7-8　广州市城市总体规划图（第 7 方案，1955 年）

资料来源：广州城市总体规划第 1～13 方案［A］：89

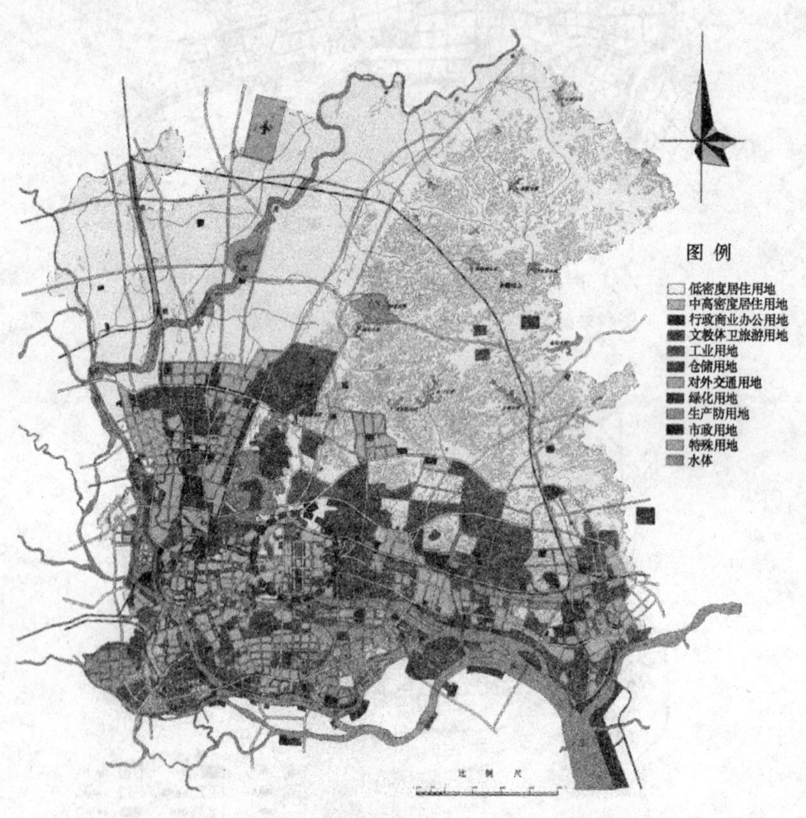

图 7-9　广州市城市总体规划图（1996～2010 年）

资料来源：广州市城市总体规划第 15 方案和第 16 方案［A］：512

天河体育中心是在六运会的机遇下，以城市规划为蓝图创造的城市新区。在广州城市总体发展架构中，天河地区曾数次被提出作为新的城市中心、建设全市性体育活动中心，而这一大胆的规划设想直到承办六运会时才得以重视，并在国务院正式批准的城市总体规划中得到体现。六运会不仅为天河体育中心的形成提供了契机，更为广州城市带状组团式发展提供了明确的方向。由此可见，城市空间发展的合理性和多样性，从规划设想、蓝图阶段到真正得以实施，尚需要机遇与条件，若重大节事与城市发展过程中的多样性相互契合，便能够推进城市的良性发展。因此，重大节事的选址与城市空间发展的需求应当相辅相成，从而形成强大的推动力。

7.3.2 后续发展的瓶颈

从建成、发展到成熟阶段，天河体育中心对天河区的影响是深远的，但也存在许多问题，包括：规划结构、道路交通、公共空间等方面，这些与自上而下的发展过程有关。

一、功能单一的圈层规划结构

1986 年的天河地区总体规划中，主要规划结构为 3 个圈层：核心是体育场、体育馆、游泳馆三大设施和附属设施；内环为商业贸易、文化娱乐、旅游服务设施的圈层；外环为居住区的圈层。铁路第二客站则和商业贸易等设施的圈层相接[12]（图 7-10）。

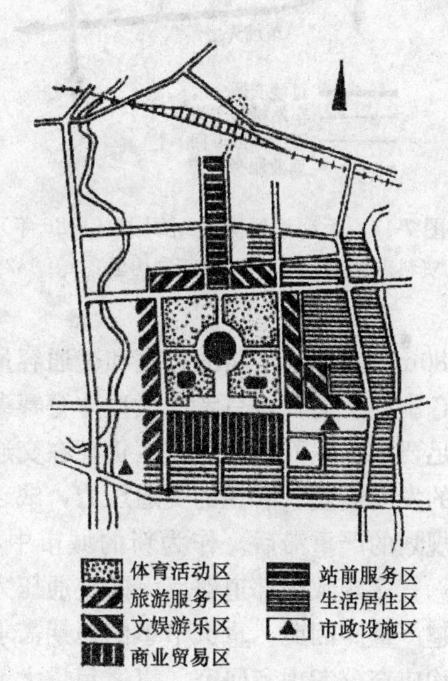

图 7-10 天河地区功能分区图（1986 年）

资料来源：广州天河地区规划构思［A］：142

以天河体育中心为核心的圈层规划结构，旨在利用体育中心的“边界效应”带动周边地块的开发，然而，大尺度的街区划分，使核心圈层的交通压力随着各圈层的规模扩大而急剧增加，核心圈层的吸引力越大，这种连锁效应也越明显。而且，天河体育中心作为新城市中心的定位，其辐射作用和吸引力并不局限于天河地区而是更大范围，其核心的交通压力势必更大。天河区 20 年的发展遵循圈层规划结构，但同时缺乏有效的控制和引导，造成各圈层功能单一，圈层之间的交通压力过大，并且缺乏足够的城市公共空间和良好的生态环境。若规划采取更为灵活和生态的分散式组团模式，不仅能有效缓解交通压力，还能为城市保留更多的生态绿地和公共空间。

二、严重滞后的道路交通系统规划

天河区北靠广深铁路，南至黄埔大道，西与广州大道相邻，东与猎德涌相接，面积达 5.2km^2，其中体育中心占地 54.54hm^2。1986 年的天河地区规划中提到，天河地区的"过境交通在边缘通过，东西向的过境交通安排在路宽 50m 的黄埔大道和路宽 60m 的广园路，南北向的过境交通则安排在路宽 80m 的广州大道和路宽 50m 的东莞庄路，使过境交通不穿越地区内部"；体育中心的交通规划"将天河路和天河北路作为向外联系的主要道路，并通过体育东路、体育西路与三大体育设施相联系，通过体育中心的东西出入口，迅速疏散大量人流"[13]（图 7-11）。

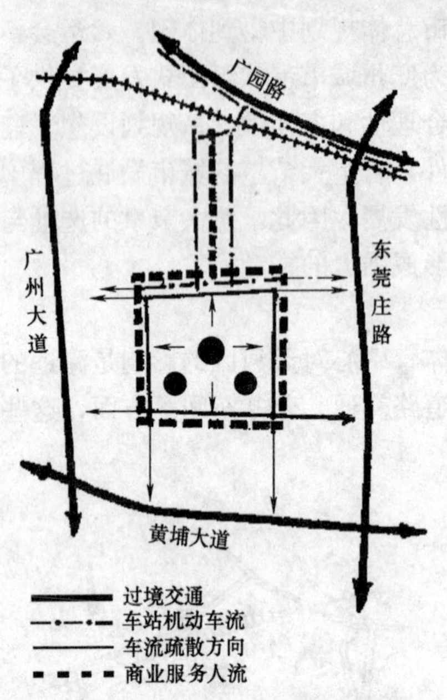

图 7-11　天河地区交通组织图（1986 年）

资料来源：广州天河地区规划构思 [A]：142

规划提出的过境交通有利于缓解地区内部的交通压力，4 条过境交通道路最小宽度 50m，最大宽度为 80m，从单条道路的宽度和交通容量来说，都是较为宽裕的。规划提出的体育中心交通，若只考虑大型体育赛事期间迅速疏散大量人流，也完全可以满足要求。然而，天河地区仍存在交通瓶颈，原因是对于六运会之后天河地区的发展规模、潜在的交通压力，缺乏必要的评估和预测，造成道路交通系统规划的严重滞后。作为新的城市中心区来说，天河区的道路密度远远不够，直接导致内部道路巨大的交通压力，而且天河地区的中心程度越高，问题越严重。因此，重大节事的短期需求与其后续效应的长期要求，在规划阶段均应充分考虑和研究，以避免重大节事带来的城市快速发展与城市基础设施建设的相对滞后形成矛盾，成为城市后续发展的瓶颈。

三、缺失活力的公共空间

天河地区规划中缺乏公共空间体系的建构，导致天河区的发展中开发建设过于集中，普遍忽视城市公众的利益，公共空间的缺失在城市发展过程中难以弥补。天河区规划中，火车站绿化广场是最主要的公共空间，也是城市的重要中轴线。然而，这一大面积的绿化广场从建设目的到设计手法，都只注重树立良好城市形象，准确来说，它是一张城市名片，而不是融入城市生活的、对市民具有吸引力的城市空间。

天河体育中心由于长期的封闭管理，一直未能成为真正意义的城市公共空间。在管理改善之后，这一现象有所改善，但原先的规划设计仍具有一定局限性，尺度巨大、缺乏多样化的空间设计使公共活动相对单一。这一问题早在建设之初，就有学者已经提出，不过未能得到足够重视。1987 年吴良镛先生参加广州城市基础设施发展战略研讨会时，对正在建设中的天河体育中心曾提出过设想，“用一个二层平台层将体育场、体育馆和游泳馆联系起来，平台下一层，可以作为综合利用，如商业、展览、娱乐等；二层平台则可作为三个场馆观众的步行联系，三个场馆围起的部分可考虑由体委负责经营、管理。其以外空间，应全部作为开放绿地，而不宜有围墙”[14]。这一设想体现了对体育中心的公共空间属性的重视。若缺乏多样、可及的公共空间，节事空间与周边土地使用难以相互融合，更无法实现整合和建构公共空间体系的作用。天河体育中心的功能定位应适当提升，除了能满足六运会以及体育活动的需要之外，天河体育中心还应当提供多样性的功能服务和优越的空间环境，成为城市中重要的公共活动场所。

7.3.3 自上而下的发展特点

自上而下的模式最显著的特点即是规划先行，规划阶段已有明确的发展定位和方向，重大节事的举办和选址是顺理成章的。在这样的模式下，重大节事能够很快纳入城市发展总体框架下，为城市空间发展起到直接的促进作用。另一方面，正是因为重大节事的举办和相关建设必须遵循已有的规划，其规划的前瞻性则显得更为重要，否则难以使重大节事的作用得以充分发挥，甚至给城市未来发展留下隐患。

7.4 新广交会与广州南拓的形态发展

2000 年广州编制了《广州市城市总体发展战略规划》，并在此框架下，完成了 100 余项规划，包括近中远期不同时段的规划。在这一系列的规划中，重大节事与城市发展之间相互契合，延续了自上而下的发展特点，推动广州实现新一轮的城市发展与演变。

一年两次的广交会从 20 世纪 50 年代发展至今已有 50 多年的历史，对广州旧城中心区和新的重点发展地区，都产生了深刻的影响。引导城市空间结构形态不断调整和变化的动力，主要与广交会自身不断扩大的规模有关。从建馆开始的上世纪 50 年代、到广交会平缓发展的 70 年代、再到改革开放后经济迅速发展的 80 年代，展会空间和城市的接待能力一直是广交会亟待解决的问题。中国加入世贸组织，经济加速全球化，外贸经营权进一步放开，外贸队伍加速扩张，有更多的企业涌向广交会，随着广交会规模的日益扩大，对展馆本身以及整个城市的服务功能提出了更高的要求。流花路展馆和周边街区的容量早已趋于饱和，在城市新区选址建设新会展中心，不仅能够有效解决广交会的容量问题，还将为城市新区的发展提供动力，激活城市新板块的启动。

1993年广州市城市规划局制定《广州市新城中心——珠江新城规划》，当时的天河体育中心地段发展迅速，因此政府对于珠江新城的发展前景持相当乐观的态度，至1997年已投入30亿进行基础设施建设[15]。珠江新城的土地规划分为A——N共14个区，其中A区确定为“会议展览中心区”，其目的不仅是解决广交会流花展馆的容量问题，同时也扩展广州会展业的发展空间、发挥会展的聚集效应。此外，A区发展以规模逐年扩大的广交会及其他各类会展为核心，将形成对酒店、办公、餐饮等一系列会展产业链上其他功能的大量需求，从而有效带动珠江新城的其他地块的开发，促进城市新中心的建设与发展（图7-12）。然而，1997年的亚洲金融风暴对刚刚具备开发条件的珠江新城产生巨大影响，其建设与开发推进缓慢、几乎停顿。

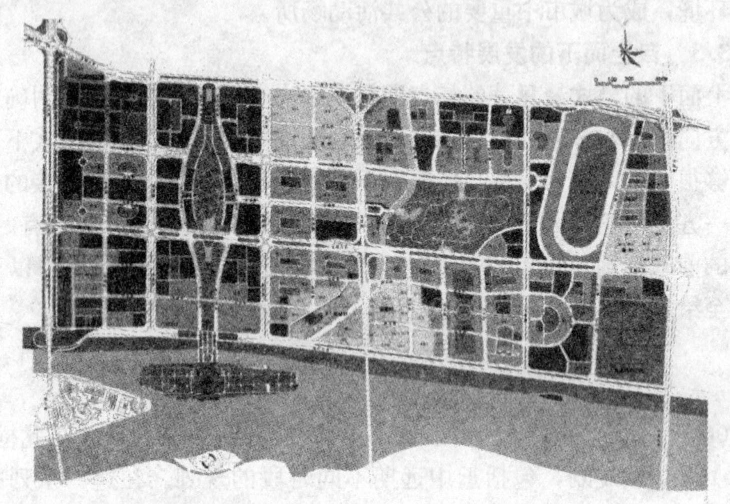

图7-12　原珠江新城规划中的会展中心选址（1993年）
资料来源：作者根据珠江新城规划检讨［A］：580改绘

2000年6月，番禺、花都撤市设区，行政区划的调整引起广州城市功能结构和土地资源配置方式的变化，广州在国内率先编制了《广州市城市总体发展战略规划》，在明确城市空间布局与土地利用应采用有机疏散、开辟新区、拉开建设的措施，优化城市空间结构的基础上，提出城市主要发展方向为南部、东部，空间布局的基本取向为：南拓、北优、东进、西联。战略规划中还进一步明确，“南部地区具有广阔的发展空间，未来大量基于知识经济和信息社会发展的新兴产业、会议展览中心、生物岛、大学城、广州新城等将布置在都会区南部地区，使之成为完善城市功能，强化区域中心城市地位的重要地区”[16]。

广州市城市总体发展战略规划中，“南拓”是城市空间发展策略的核心。“南拓”轴上的琶洲岛作为新的选址，将为广交会建设广州国际会展中心（图7-13）。琶洲历史上曾经是古代著名的海港，即琶洲港，也是广州海上丝绸之路的重要遗址。但琶洲岛距离城市中心区较远，其发展一直相对缓慢，公共设施和基础设施缺乏，成为快速发展中的城市核心区的边缘地带。广州国际会展中心选址建在琶洲岛，主要目的就是以广交会及会展业已经形成的巨大社会、经济效益，带动琶洲岛的开发建设，启动城市“南拓”。以广州国际会展中心为核心，周边的酒店、高级写字楼、广交会博物馆、银行等也将相继建设，琶洲岛将建成以广州国际会展中心为依托，以会展博览、国际商务、信息交流、旅游服务为主导，兼具高品质居住功能的新城市副中心——广州国际博览城。广州国际博览城连同广州大学城、南沙开发区的进一步开发建设，将逐步实现城市“南拓”的战略目标以及城市整体空间架构的建立。

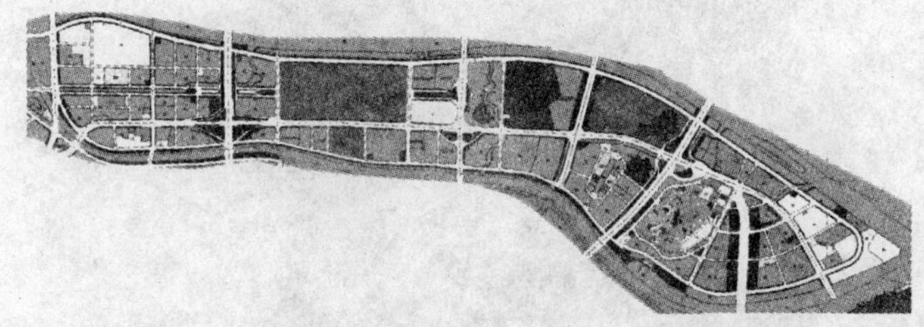

图 7-13　琶洲岛规划中的会展中心选址（1999 年）

资料来源：作者根据《琶洲地区详细性规划》改绘

2003 年广州国际会展中心一期建成，总规划用地 43 万 m^2、总建筑面积达 39.5 万 m^2，2007 年二期工程建成后，已经成为世界第二大建设规模的会展中心。以 2003 年第 95 届两馆并运行为标志，广交会展位从 8000 个到 15600 个再发展到 27760 个，实现了规模的大跨越，至第 96 届其展览规模已跃居世界单年期展第二位。2004 年 3 月，广州国际会展中心经营权移交中国对外贸易中心，成为广交会琶洲展馆。同年春交会，琶洲展馆全面启用，与流花路展馆同时分期办展。这时，自北向南以广州国际会展中心——广州国际生物岛——广州大学城——广州新城——南沙开发区为重要节点所构成的“南拓轴”已初步成型（图 7-14）。

从广州国际会展中心建成至今，琶洲岛的开发建设已有 7 年之久。以广交会作为琶洲岛的启动要素，已显现出一定的成果。地铁站、快速路等道路交通系统的逐步建设，高层写字楼、高级酒店的规划和建设，使广交会所辐射的会展产业链的各个环节在琶洲岛开发的过程中起到积极的作用（表7-3）。然而，对于琶洲岛的进一步发展来说，形成具有核心吸引力的广州会展中心区或会展商务圈，仅仅依靠广交会本身的影响力是不够的。相比成都和上海等城市的会展业发展来看，广州对于“会展商务圈”的综合长远发展还缺少完备的规划思路以及有效的开发速度，仍处于一种自主开发和自然形成的局面。目前，会展业对于琶洲岛的房地产并没有起到非常明显的带动效果，这种现象可能是暂时的、短期的，但应当认识到，琶洲岛的发展与成熟需要足够的配套服务设施的开发、地区产业的发展以及合理定位的居住区的建设，广交会本身只是发展契机，它带来的优势和影响应当进一步转化为有利于地区发展的硬件和软件。

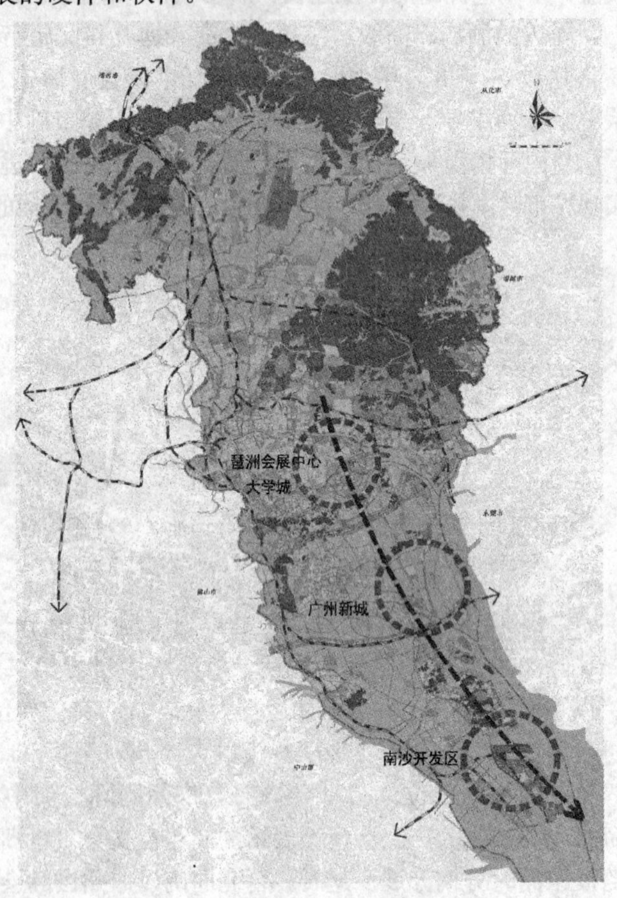

图 7-14　琶洲会展中心与“南拓轴”

资料来源：作者自绘

琶洲岛部分重点开发项目　　**表 7-3**

建成时间	项目名称	规模(万 m²)	性质	位置
2003 年	广州国际会展中心一期	39.5	会展	阅江中路
2004 年	中洲中心	12.3	商务、办公、展览	新港东路
2006 年	保利国际大厦	19.5	商务、办公	阅江中路

续表

建成时间	项目名称	规模(万 m^2)	性质	位置
2007年	广州国际会展中心二期	38.99	会展	阅江中路
2007年	香格里拉大酒店	12	酒店	会展东路
2008年	琶洲国际采购中心	27	会展	新港东路
2008年	广州国际会展中心三期	28	会展、酒店、商务	新港东路

资料来源：作者根据资料整理绘制。

7.5 九运会与广州东进的形态发展

六运会之后的广州天河体育中心，虽然在发展过程中逐步暴露出许多问题，但六运会的举办对天河区体育中心及周边地区的形态发展确实具有关键性推动作用。因此，在相隔十多年后广州承办九运会时，对于再次促进地区发展的期望相当高。

九运会主赛场的选址当时有两种选择：(1) 继续以天河体育中心作为主赛场，利用已有的场馆和成熟的社区服务，这将是一种相当集约、高效的做法；(2) 在城市东部选址新建体育中心，促进城市东部新区的形成。两者都存在利弊。六运会之后的天河区发展迅速，但该地区一直面临交通、城市结构等问题，如果天河体育中心再次作为全运会的主场馆，可能对该地区的发展造成更大的压力；广州城市东部地区属于待发展地区，作为九运会主赛场，该地区相对滞后的基础设施、社区服务必须在短期内得以迅速提升和完善，政策和资金两方面的支持缺一不可，而且新区发展是否能与新体育中心的建设相协调，有待时间的检验。从着眼于广州城市空间拓展的战略规划来看，九运会主赛场的选址对城市新一轮的发展有着重要影响。因此，经过慎重地权衡，九运会主赛场最终选址在城市东部新区黄村，并于1999年开始兴建广东奥林匹克体育中心。

黄村地区的规划具体分成6大区域，包括世界大观与航天奇观在内的主题公园区；以奥林匹克体育中心为核心的体育文化休闲区；车陂以东、东环高速公路以西的居住片区；吉山危险品仓库搬迁后改建的普通（低密度）仓储区；还有世界大观南边与东北边的三高农业区与自然生态景观区。整个地区将建设成为以科技、体育、旅游等产业为主导的新型产业区。交通方面，车陂路将建为快速路，同时利用广深高速铁路开通广深至东莞的客运站。

然而，黄村地区与天河体育中心地段相比，其地理位置和发展时期都有较大不同，因此，将黄村建成为另一个天河的期望并不现实。在黄村地区控制性详细规划中，明确将黄村地区定性为“天河与黄埔两组团之间的空间开敞区及以科技、体育、旅游等产业为主导的新型产业区，……黄村地区作为城市空间组团的过渡地带，在城市空间景观上应以低密度、低强度的建筑布局和保持大片的山林地、耕地为主”。此外，规划还规定，“将奥林匹克体育中心东南部、三高农业区南部、黄村大道以西的区域远期控制为体育及配套设施用地，由于该区域的现状用地情况较为复杂，而且一次性通过政府行为进行土地置换、改变用地权属及用地性质较为困难，故该区域的土地利用分近、远期进行控制。近期，该区域内的已划拨的村建设用地维持产权单位不变，但只能作为村经济发展用地。已划拨的城市建设用地维持业主单位不变，但严禁兴建住宅类项目。该区域内的已划拨用地的地块开发强度控制在建筑密度 30%以内和建筑层数 3 层以下。此外，严格控制该区域的土地划拨，原则上不得新增建设用地。远期，该区域将按体育及配套设施用地予以建设。广深高速公路以南、大观路以东、航天奇观以北区域除保留已划拨用地外，原则上不新增加城市建设用地。加强对基本农田保护区的管理，以菜地为主的梅林保护片近期保留，远期根据地区整体发展要求调整为城市建设用地，另在三高农业区内增加相应规模的基本农田保护区。以果园为主的坑窜基本农田保护区在规模期限内维持不变”[17]。可见，黄村地区的建设开发强度受到严格控制，大面积的绿地和耕地都将保留，房地产开发也以低密度为主（图 7-15）。因此，九运会后黄村地区将不会出现六运会后天河体育中

图 7-15　黄村地区控制性详细规划（1999 年）

资料来源：广州市规划院

心周边地区房地产迅猛发展的现象。

作为广州城市化过程中的重大节事之一，九运会的举办使城市空间进一步向东部拓展，包括基础设施的大规模建设、体育场馆的建设，以及少量的房地产开发。黄村地区的发展定位与天河体育中心区段存在差异，对该地区房地产开发的控制一方面有利于城市的有序拓展，但另一方面不利于奥林匹克中心大量场馆的后续利用，仅仅依靠快速路和地铁，又不足以吸引更多城市其他地区的市民。因此，控制开发的发展政策与重大节事形成的影响力和资源之间产生矛盾，导致黄村地区在九运会之后的 6 年时间里，发展相对缓慢，至今仍未能形成较为成熟的城市新区。直到广州取得 2010 年的亚运会举办权后，黄村地区的发展出现了新的机遇。

7.6　亚运会与广州城市整体空间结构形态发展

7.6.1　布局模式与广州城市整体空间结构形态调整

2010 年亚运会将是广州有史以来举办过的最大型的综合性国际体育赛事。亚运会将为广州城市带来政治、经济、文化、城市建设与城市形象等多方面的重大影响，同时，亚运会的相关设施建设将关乎广州城市资源的整体调配，与广州整体城市结构发生关联，因此设施的选址、布局和建设应当以广州城市发展的战略目标和广州整体结构形态发展为根本前提，才能为广州城市奠定良好的发展框架。

广州获得亚运举办权虽然可喜，但同时我们也应看到，以广州的实力到 2010 年才举办亚运已是为时较晚了，时间上与 2001 年的九运会相差 9 年，令设施维护处境尴尬。另外，考虑到 2008 年后短期内中国乃至亚洲举办奥运的可能性很小，此次亚运会设施的标准规模均需谨慎、合理地确定。因此，同其他城市相比，广州亚运在主办思想上应该有完全不同的定位[18]。

首先，利用举办亚运会的机会，实现广州发展中的内部优化。广州自确定“北优、南拓、东进、西联”的发展规划以来，新机场、大学城、火车站等发展热点不断涌现，在快速跳跃式发展过程中，政府指导与经济规律之间可能存在差异，因此应当加强旧城区、未完善的新城区以及重点工程建设之间的协调发展，合理地投入资金，避免互相争夺发展机会。

其次，借助举办亚运会的契机，促进区域中心城市圈的良性整合。佛山与广州的特殊地理位置关系、已有的交通联系和新建成的高水平的佛山体育中心，为通过亚运强化“广佛都市圈”的区域中心作用提供了很好的机会。举办亚运的城市虽然是广州，但是以日韩合办世界杯的典范来看，一小时车程范围内的佛山体育中心一定可以发挥作用，所要关注的应该是我们政府间的协调能力与智慧了。

对广州而言，2010年亚运会的建设是战略规划实施的重要契机。一方面体育主体设施的建设充分利用黄村奥林匹克体育中心地区的建设基础，并适度拉开城市发展框架，在南部建设部分新的体育场馆设施，包括大学城和广州新城等地区；另一方面充分考虑全民健身运动，在天河体育中心、白云新城、芳村体育中心等区域设置赛区，提升城市各区的建设发展水平，提高地区设施配套水平。广州为2010年亚运会提供的46个广州市市属体育场馆中，新建场馆6个，改扩建场馆40个。改扩建场馆按地域片区可分为天河体育中心片区、体育职业技术学院片区、老城区片区、大学城片区及其他少数散布的场馆（图7-16）。广州曾经举办的两届全运会，为城市留下了大量的可利用资源，因此广州城市举办亚运会的基本思路是：充分利用现有城市资源，包括体育设施和城市基础设施，完善现有城市结构，并适当拓展城市空间。

广州市城市规划编制研究中心、广州市交通规划研究所和广州市城市规划勘测设计研究院编制完成的《面向2010年亚运会的城市规划建设纲要》，将亚运体育设施规划布局确定为：结合城市发展形成多中心、多功能的赛区布局模式。根据“两心四城”的亚运会重点发展地区空间结构，广东奥林匹克体育中心和天河体育中心定位为市级复合型体育中心，亚运会主赛区设于广东奥林匹克体育中心；在广州新城、大学城、白云新城、花地新城构建地区性的体育中心，形成专项体育功能互补、型制独立并兼容全民健身活动的多中心、多功能的赛区布局。值得关注的是，亚运规划中将亚运村的选址确定为广州城市南拓轴上的重要节点——广州新城。

7.6.2 亚运村的选址及发展策略

亚运村选址的重要性可从两方面进行分析：一方面，对亚运会而言，亚运村的选址以及与其他赛区的联系，将极大地影响举办期间运动员、教练员、官员、记者等所有参与者的出行；另一方面，亚运村在赛后将根据具体情况进行再利用，一般转化为城市居住区或其他功能的房地产开发，与体育设施相比，亚运村的功能转换更为灵活和多样化，对于该地区的发展与成熟具有一定的影响力。

广州有举办六运会、九运会等大型体育赛事的经验，大量的现有体育设施呈多中心分散在城市中，因此从广州亚运规划来看，选择“主中心+多个次中心”的网络状布局模式是必然的结果。然而，对于广州亚运村的选址，则经历了更多的比较与权衡，其中的利弊，要从广州亚运的整体规划和城市发展战略来进行分析。

一、选址的机遇与抉择

广州亚运村的选址，最初意向选在黄村的奥林匹克体育中心。1999年广州为九运会进行规划和建设的时候，政府已经有意为申办亚运会、甚至奥运会做准备。全运会的规模尚不需建设运动员村，但申办亚运会、奥运会必须配套设施完善的运动员村，因此当时的黄村奥林匹克体育中心的规划为运动员村预留了发展用地[19]。

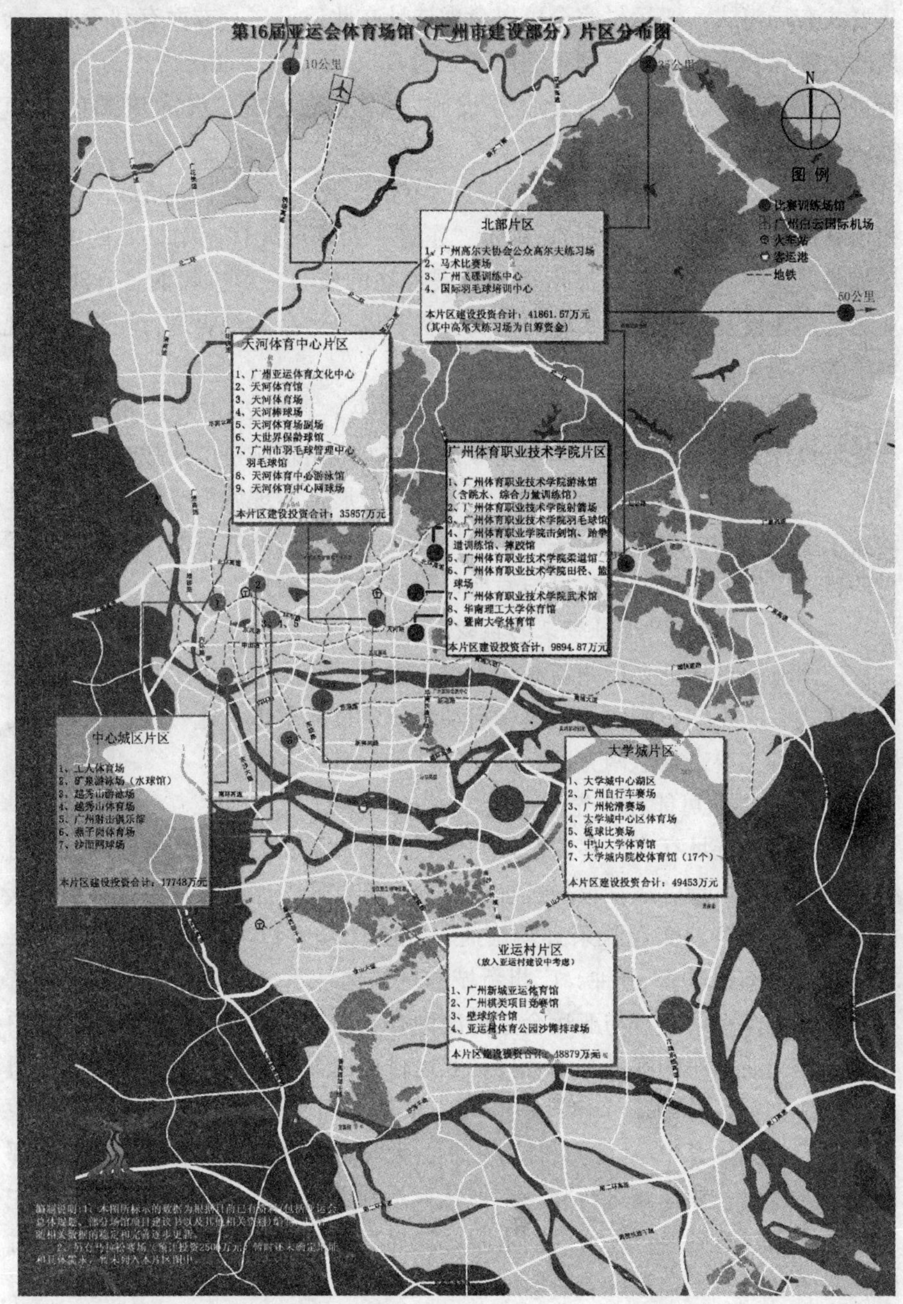

图 7-16　第 16 届广州亚运会场馆片区分布示意图

资料来源：《亚运场馆规划总指引》内部资料

九运会之后，少量的房地产开发逐步为黄村地区发展带来活力，但发展仍然相对缓慢。亚运会的举办给黄村地区的发展又一次带来机会。在亚运设施规划中，黄村奥林匹克体育中心被确定为亚运会主会场，按照“多中心”集群式布局模式，亚运村完全可以考虑选址在此建设，一方面有利于亚运会期间的组织和管理，也有利于缓解亚运会期间城市的交通压力；另一方面，能进一步完善该地区的配套服务设施，促进该地区发展为成熟的城市社区。

然而，政府对于亚运村的期许还远不止于此。2000 年广州编制了《广州市城市总体发展战略规划》，确定“东进、西联、北优、南拓”的城市发展战略，其中“南拓”是城市空间发展策略的核心。对广州而言，2010 年亚运会的建设是战略规划实施的重要契机，以亚运会为触媒进行城市战略规划中的新城建设，是不可多得的良机。

广州亚运村的选址在机遇中一直悬而未决。直到 2006 年广州亚运村进行规划设计竞标，选址最终确定在广州新城。广州新城是广州战略规划中确定的“南拓”轴上的重要节点，广州新城的发展将实现城市空间的拓展，推动城市空间结构由单中心向多中心结构转变。这一选址的目的，就是以亚运村的建设启动广州新城的建设与发展，促进城市“南拓”。

二、“广州新城”选址带来的挑战

广州亚运村选址在广州新城，不仅与主中心和次中心相距甚远、与常规布局模式有所不同，同时还担负着启动新城建设的重担。这一选址带来的问题与挑战也主要来自这两方面。

1. 赛时交通可能存在先天不足

亚运村的选址存在许多关联性问题，其中最重要的，即是赛时的交通组织。以历届奥运会的运动员村选址进行分析可发现，运动员村与主赛场和其他主要比赛场馆的交通联系必须快捷、方便（表 7-4），并有明确的规定要求所需时间不超过 45 分钟。广州新城的这一选址不仅远离作为主中心的黄村奥林匹克体育中心，与亚运会其他次中心和场馆距离甚远，而且与城市中心地区和交通枢纽的联系并不直接，亚运村与白云机场、3 个火车站（广州站、东站、新客站）、5 个体育中心（广东奥林匹克体育中心、天河体育中心、白云新城体育中心、芳村体育中心、大学城体育中心）之间，虽然全部以城市高速路、快速路进行联系，但从亚运村到主会场正常需要 45 分钟左右，基本已经达到亚组委要求的上限，从亚运村到更远的其他体育中心的时间耗费还会更多。这意味着赛时亚运村与各场馆之间的城市单向交通压力将相当大，尽管全程高速，但距离客观存在，耗费的时间和人力、物力仍是必须面对的问题（图 7-17）。

往届奥运村选址与其他场馆、城市交通的联系　　　　表 7-4

年　代	举办城市	奥运村选址	与比赛场馆、城市的联系
20 世纪 70 年代	1972 年慕尼黑	奥运村及多数运动场馆都集中在奥伯维森公园，该区域距市中心仅 4km	与多数场馆紧邻，兴建了奥运地铁专线与城市中心相连
20 世纪 80 年代	1988 年汉城（首尔）	奥运村及多数运动场馆都集中位于城市的东南区域，与市中心隔江相望	与多数场馆紧邻，规划了 5 条主要干道连接城市中心区
20 世纪 90 年代	1992 年巴塞罗那	奥运村及部分场馆集中在滨海区，位于城市中心区东部	环城大道和对角线大道联系各比赛场馆区
20 世纪 90 年代之后	2000 年悉尼	奥运村及多数运动场馆集中在奥林匹克公园内，距市中心 14km	与多数场馆紧邻，以城市快速铁路连接市中心

资料来源：作者根据文献资料绘制。

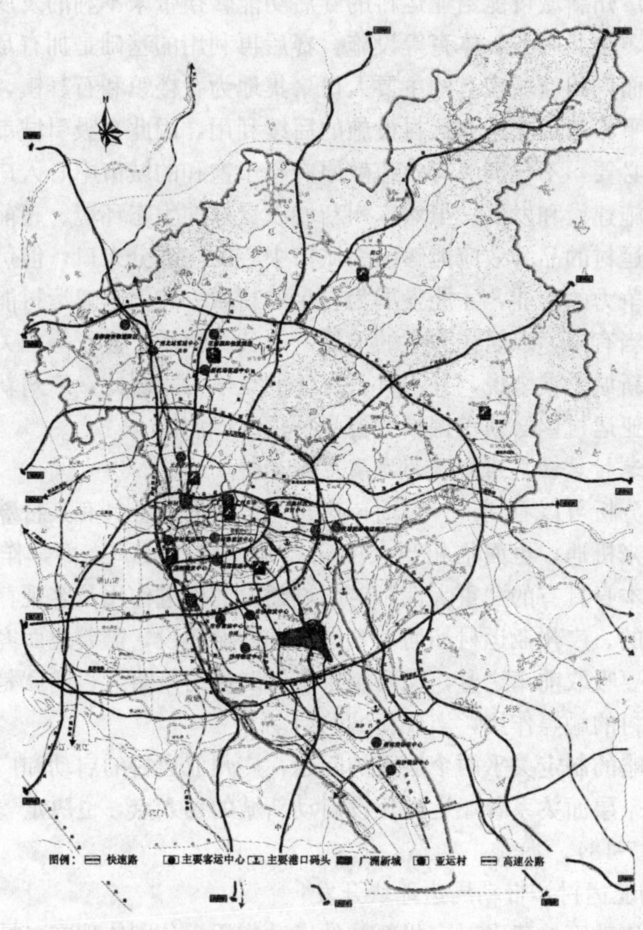

图 7-17　广州新城选址与城市交通枢纽的关系

资料来源：亚运村规划课题研究组内部资料

2. 广州新城的建设动力不足

从另一方面来看，以亚运村启动新城建设，其动力不足。

《面向 2010 年亚运会的城市规划建设纲要》中提出：2010 年亚运会广州城市发展将形成“两心四城”的空间格局。“两心”是指天河新城中心、广州新城中心；四城主要是指奥体新城、大学城、白云新城、花地新城[20]。“两心四城”中除广州新城外，均紧邻广州城市中心区。由此可见，广州新城主要的功能是拓展城市空间，推动城市空间结构由单中心向多中心结构转变。

很明显地，广州亚运村被作为调整城市结构的重要建设项目提上议事日程，但客观地说，仅以亚运村的建设规模和性质，并不足以启动广州新城。亚运村属于类型特殊的房地产开发，即一次性大规模的开发，远离中心区、尚未发展的广州新城可能给亚运村的赛后功能转换带来不利的发展环境。亚运村的居住、公共服务、体育等设施，赛后再利用的基础是拥有足够的社区人口规模，而广州新城现有的主要人口聚集地为石楼镇和石碁镇，其人口规模和消费水平不足以支持亚运村设施的后续利用，因此，吸引城市中心的人口转移十分必要，不仅能够有效疏散原有趋于饱和的城市中心人口，还有利于新城的设施建设和发展。虽然广州新城以良好的生态环境、超前建设的地铁系统、亚运村的品牌效应能够吸引城市中心的一部分人口，但仍需要进一步发展有竞争力的产业，才能发展为自足的新城。然而，亚运村能为新城带来的产业相当有限，以居住为主的功能，办公、娱乐、教育等相关产业对现阶段的广州新城发展来说，并不具备足够的竞争力。因此，广州新城的发展不能只依赖亚运村，必须挖掘具有自身特色的产业。

三、亚运村启动广州新城的发展策略分析

从以上分析可以看到：一方面，广州亚运村的选址具有其特殊性，既为城市发展带来机遇，也面临相当大的问题和困难；另一方面，作为重大节事，亚运会本身具有的“重大性”对新城建设的促进作用是客观存在的，优势也是明显的。广州亚运村如何有效地启动新城建设，需要全面客观地分析和决策，既要吸取前车之鉴，又要制定有针对性的策略，目的就是利用并适度扩大亚运村的触媒作用，实现新城的启动。

发展策略的制定关乎两个层面的问题：广州亚运村的启动和广州新城的启动。这两个层面关系着亚运村建设启动新城的切入点，也决定着新城的后续发展（图 7-18）。

1. 启动亚运村，带动周边地块开发

亚运村启动区的建设对广州新城的启动作用，分别体现在显性和隐性两方面（图 7-19）。

显性的启动作用主要包括：（1）房地产开发：亚运村赛后能够直接转化

为房地产开发，并间接带动周边地块的房地产开发，转化策略的合理性将直接影响其对新城的带动作用，尤其是房地产开发的定位要与该地区潜在购买人群的需求相契合。(2) 城市配套设施：亚运村内的公共配套设施赛后将成

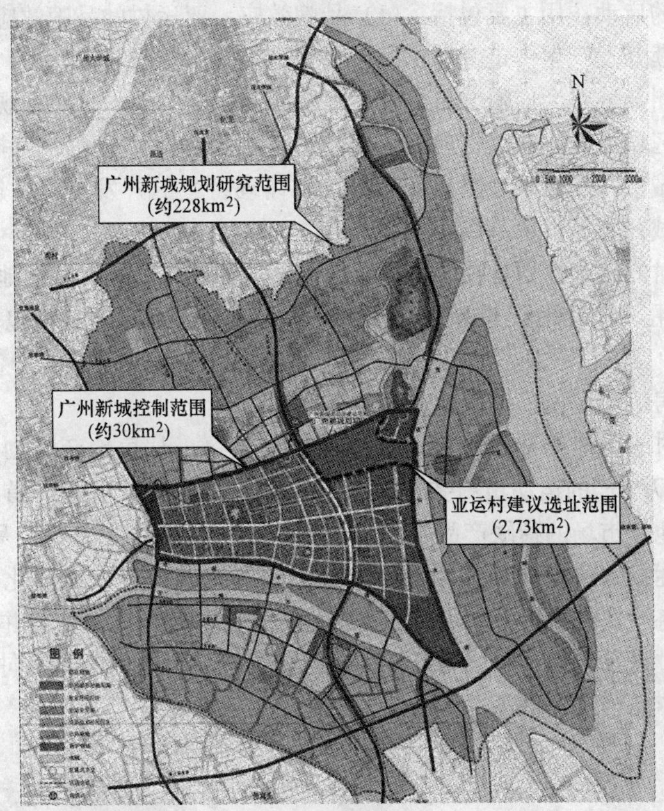

图 7-18　广州亚运村选址与广州新城规划控制范围
资料来源：亚运村规划课题研究组内部资料

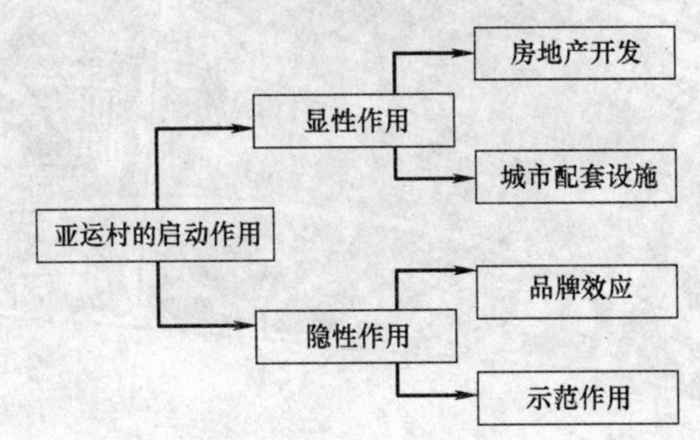

图 7-19　亚运村启动作用示意图
资料来源：作者自绘

为城市后续开发的重要资源，包括交通设施、体育设施、购物休闲设施、教育医疗设施、邮局、银行、电信等，为城市其他功能组团的开发提供重要基础条件。

隐性的启动作用主要包括：(1) 品牌效应：亚运村的品牌效应将对广州新城的后续开发产生一定带动作用，吸引更多的投资与地产开发。(2) 示范作用：广州新城作为广州城市规划用地范围内仅存的山水自然景观特色凸现的可建设区域之一，亚运村启动区的建设应当成为以“绿色、可持续发展”为主题的城市开发典范，以具有前瞻性和体现特色的开发策略、建设模式，为广州新城开发提供示范作用。

亚运村的启动计划旨在实现显性启动作用的同时，最大限度地发挥其隐形启动作用，有效地促进新城的持续发展。其发展策略主要包括以下几方面：

(1) 房地产定位：提供稀缺产品类型

亚运村的房地产开发应定位为中高档住宅区。从房地产策划的角度来看，近 40 万 m^2 的运动员村要顺利转化为成功的房地产开发，首要条件是能提供房地产市场的稀缺产品类型，以形成强大的市场竞争力。另一方面，由于一次性投入建设的量相当大，在尽量短的时间内有效地消化这部分产品，需要将地块进行拆分，由两三家房地产商介入建设和销售，并力求在规划阶段通过设计手段，形成各开发档次的差异性，为销售期能够向市场推出多样化的产品档次提供条件（图 7-20)。

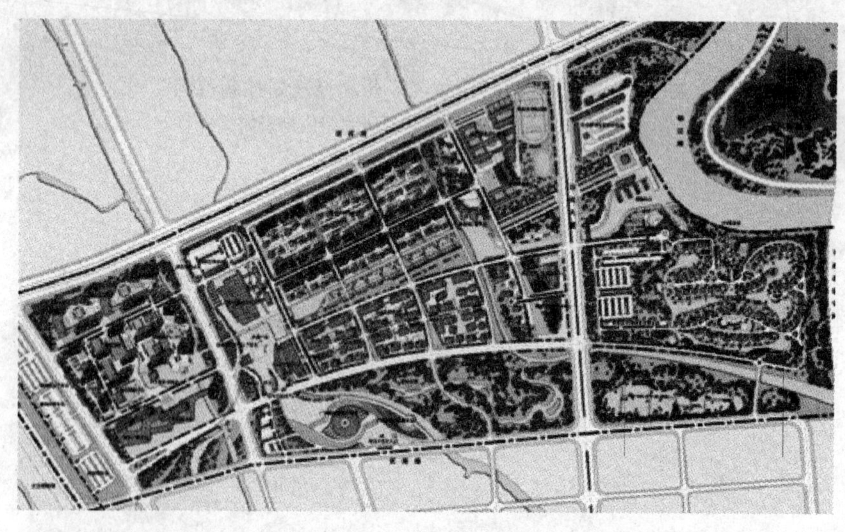

图 7-20　亚运村转化为大规模房地产的前期策划至关重要

资料来源：亚运村规划课题研究组内部资料

启动区的开发不仅要为周边地块的开发提供必要的城市基础设施，更重要的是积聚人气和信心，而基础配套设施成功地投入运营的关键是足够的人口规模。因此，启动区的人口规模应适当，不可过低。

从技术角度来说，启动区还应当成为符合 21 世纪世界环境发展趋势的、可持续发展的社区典范，成为广州新的生态、绿色、节能示范小区。亚运村的建设将在一定程度上提升房地产的开发设计标准，其信息化、绿色环保等设计理念将对新城的整体房地产开发起到重要的示范作用。

(2) 土地利用：强化重大节事带来的"边界效应"

亚运村将成为启动区内的核心，具有周边辐射作用，因此赛后的功能定位除了房地产开发之外，还应有更具辐射作用的其他新功能介入，包括：旅游、商务、休闲娱乐等。

启动区对于新城而言，其规模、功能定位将产生较强的"边界效应"，促进周边功能组团的开发，形成相关产业链，并以增长点的方式刺激新城核心区的尽快形成，对新城整体发展形成核心辐射作用。

2. 启动新城核心区，带动新城整体发展

对广州新城而言，其发展动力主要来自三个方面：第一，广州老城区的压力增大，有向南扩散的趋势；第二，南沙开发区产业的迅速扩张对广州新城的服务配套功能产生需求；第三，依托亚运开发契机，以亚运村建设作为启动。因此，新城核心区的启动计划旨在实现城市的空间拓展、分散人口，并成功发展新城的主导产业，实现新城的自身平衡。其发展策略主要包括以下几方面：

(1) 从依托到自足

发展初期主要依托广州中心城，通过地铁、快速路、大市政的建设以及各类优惠政策，加强与中心城区的联系，启动区以房地产开发和公共服务设施建设为主。

发展中期，依托中心城的程度逐渐减弱，新兴产业为新城提供更多就业机会，公共服务设施和市政设施基本形成架构，新城本地的居民的归属感和认同感逐渐加强。

发展远期，新城基本实现自给自足，工业园区呈现规模优势，新兴产业、旅游业、服务业成为主导，居住、工作和娱乐能就地平衡。

(2) 十大竞争产业

广州新城实现自身平衡，就必须发展特色产业。其产业发展要在整合现有资源的基础上，与周边地区优势互补，实现区域产业分工和共同发展。广州新城合理的产业发展方向与重点发展产业定位，决定了新城的未来发展是否具有竞争力，是否能够成为广州新的经济增长区域。以现有资源和亚运契机为基础，广州新城具有竞争优势且应大力发展的十大产业有：创意文化产业、房地产业、商务服务业、旅游业、金融业、物流业、高科技制造业、生物医药、特色工艺品制造业、会展业。

(3)"SOD+TOD"模式

采用SOD❶开发模式，利用亚运村的建设契机，在短时期内高质保障下建成城市公共服务设施和基础设施，以此带动其他部分的发展。基础设施按照可持续发展和适度超前的原则建设。

利用现有的地铁系统，采用TOD❷模式，引导广州新城向以轨道交通为主导的土地开发模式发展。与地铁站结合分设几个新城副中心，结合地铁枢纽站设置新城主中心，与副中心应有方便联系。

通过SOD与TOD相结合的方式，实现城市发展与轨道交通的互动，将新城内的多个地铁站点周边地区作为城市的发展空间，集中投资公共服务设施，使之具有快速增长能力和扩散能力，达到带动和促进整个新城发展的目的。

四、亚运村选址总结与反思

总的来看，亚运村选址在广州新城，远离主赛场和其他赛区，并且舍弃了黄村奥林匹克中心地段的再发展机会，其合理性仍有待时间检验；从另一角度看，选址于有待开发的新城，其决策显示出对城市长远发展的关注。这一选址对广州整体城市空间结构的调整与发展来说，是个不小的挑战。因此，建设与发展策略的制定，需要决策者有更长远的发展眼光和切合实际的态度，否则广州不仅将错失这一重大节事带来的发展良机，还将面临更长远的城市负担。广州亚运村为重大节事建设提出新的模式和新的思考，以重大节事为触媒的新城建设与发展仍有待更多的关注与研究。

本章小结

本章对广州现代的城市形态演变历程进行了概述，并通过对重大节事的选址、布局和建设过程以及后续发展的详细论述与分析，归纳广州城市形态在重大节事的影响下如何发生变化和发展。此外，本章还对城市形态演变的过程中节事建设与城市规划的关系进行了比照，分析自上而下、自下而上两种方式的特点。

20世纪80年代以前，广州城市发展与广交会的结合延续了20多年，旧城中心区的不断建设和发展，与规模不断扩大的广交会形成良好互动。广交会特有的延续性，使短期效应与长期发展结合，促使城市空间结构不断得以强化。广交会最初几易其址，确定选址后立即带动周边地区的大规模开发

---

❶ SOD，"Service Oriented Development"的简称，是指"以公共服务设施为导向"的城市发展模式。

❷ TOD，"Transit Oriented Development"的简称，是指"以公共交通换乘为导向"的城市发展模式。

建设，并通过后续规划的强化与引导，逐步发展为城市旧城中心，显示出自下而上的发展特点：重大节事先行，而非规划先行，重大节事对城市建设和城市发展已经逐步产生影响，政府通过后续规划来明确和强化重大节事的作用，后续规划往往能相对客观地反映重大节事的影响力，对重大节事的地位和作用有较为清晰的定位。但另一方面，由于规划的相对滞后，对已经形成的格局难以进行修正和改善，由此造成的交通等城市问题难以解决。

20 世纪 80 年代至 2000 年，六运会的举办启动了天河区的发展，实现广州城市空间的第一次“东进”，并形成广州新的城市中心区。2000 年之后，九运会的举办促进了黄村地区的建设发展，实现广州城市的第二次“东进”；为广交会建设的琶洲会展中心带动琶洲岛的开发建设，促进广州城市“南拓”的发展。这些节事的建设都显示出对城市发展方向的关注，以及重大节事对广州城市形态演变的关键性作用，并体现自上而下的发展特点：规划先行，规划阶段已有明确的发展定位和方向，重大节事的举办和选址是顺理成章的。在这样的模式下，重大节事能够很快纳入城市发展总体框架下，为城市空间发展起到直接的促进作用。另一方面，正是因为重大节事的举办和相关建设必须遵循已有的规划，其规划的前瞻性则显得更为重要，否则难以使重大节事的作用得以充分发挥，甚至给城市未来发展留下隐患。

2010 年的亚运会，是调整与完善广州整体城市空间结构的重要契机。采取多中心、多功能的赛区布局模式，有利于整合现有城市资源。当然，亚运村的选址布局也给城市提出了挑战：选址在广州新城，远离主赛场和其他赛区，并舍弃了黄村奥林匹克中心地段的再发展机会，其合理性仍有待时间检验；从另一角度看，选址于有待开发的新城，其决策显示出对城市长远发展的关注。因此，亚运会建设策略的制定，需要决策者有更长远的发展眼光和切合实际的态度。

总体来说，从广州城市发展与形态演变的过程来看，不同时期举办的不同类型的重大节事，都为城市空间结构的调整与完善起到了关键性的作用。

附表：第 16 届亚运会市属新、改扩建设施信息表

序号	项目名称	建设类型批次	服务项目	场馆设施分类	用地面积（m^2）	总建筑面积（m^2）	所在片区
1	广州棋院	第二批新建场馆	围棋/国际象棋	比赛/训练	未明确	未明确	亚运村片区
2	壁球综合馆	第二批新建场馆	壁球/台球	比赛/训练	未明确	未明确	
3	广州新城亚运体育馆	第二批新建场馆	体操	比赛	50000 暂定	48448 暂定	
4	亚运村体育公园沙滩排球场	第三批新建临时体育场	沙滩排球	比赛/训练	待定	待定	

续表

序号	项目名称	建设类型批次	服务项目	场馆设施分类	用地面积（m^2）	总建筑面积（m^2）	所在片区
5	广州国际乒乓球培训中心（广州亚运体育文化中心）	第四批改建场馆	办公（乒乓球）	配套设施	5000(14727)	18439	
6	天河体育中心游泳馆	第一批改建场馆	游泳/跳水	跳水比赛/游泳训练	18945	18945	
7	天河棒球场	第二批改建场馆	棒球/垒球	训练	11236	6200	
8	天河体育场副场	第二批改建场馆	田径	训练	24717	未明确	天河体育中心片区
9	天河体育场	第二批改建场馆	闭幕式	闭幕式	65000	65000	
10	天河体育馆	第一批改建场馆	羽毛球、男篮	比赛/男篮决赛	5208	17159	
11	广州市羽毛球管理中心羽毛球馆	第四批改建场馆	羽毛球	训练	待定	3635	
12	天河体育中心网球场	第四批改建场馆	软式网球	比赛	37750	8700	
13	越秀山游泳场	第一批改建场馆	水球/跳水	水球比赛训练/跳水训练	33475	12985	
14	越秀山体育场	第二批改建场馆	足球	比赛	39916.7	46901.92	
15	广州射击俱乐部	第四批改建场馆	射击	训练	15000	15000	老城区片区
16	燕子岗体育场	第四批改建场馆	足球	训练	60000	2977（改建加新建）	
17	沙面网球场	第四批改建场馆	软式网球	训练			
18	工人体育场	第四批改建场馆	足球	训练	46000	2357（新建建筑面积）	
19	大学城中心湖区	第一批新建临时体育场	铁人三项	比赛/训练			
20	广州自行车赛场	第一批新建场馆	自行车	比赛/训练		36630	
21	大学城轮滑场	第一批新建场馆	轮滑	比赛/训练			
22	大学城中心区体育场	第四批改建场馆	橄榄球、足球	比赛			大学城片区
23	大学城广东工业大学体育场	未明确	田径	训练			
24	大学城广东工业大学体育馆	未明确	篮球	比赛/训练		14050	
25	大学城华南理工大学体育场	未明确	足球	比赛			

续表

序号	项目名称	建设类型批次	服务项目	场馆设施分类	用地面积（m^2）	总建筑面积（m^2）	所在片区
26	大学城华南理工大学体育馆	未明确	篮球	比赛/训练		12377	大学城片区
27	大学城广州中医药大学体育场	未明确	足球	训练			
28	大学城广州中医药大学体育馆	未明确	女子排球	比赛		6303	
29	大学城广东药学院体育场	未明确	足球	训练			
30	大学城广东药学院体育馆	未明确	柔道、卡巴迪	比赛			
31	大学城华南师范大学游泳馆	未明确	游泳	训练		8101	
32	大学城华南师范大学体育场	未明确	板球	训练			
33	大学城华南师范大学体育馆	未明确	击剑、现代五项击剑比赛	比赛		11105	
34	大学城中山大学体育馆	未明确	女子排球	比赛			
35	大学城中山大学体育场	未明确	足球	比赛			
36	大学城广州大学体育馆	未明确	手球	比赛/训练		8160	
37	大学城广州大学体育场	未明确	橄榄球	训练			
38	大学城广东外语外贸大学体育场	未明确	足球	训练			
39	大学城广东外语外贸大学体育馆	未明确	男子排球	比赛/训练		9617	
40	广州体育职业技术学院游泳馆及综合力量训练馆	第四批改建场馆	游泳/跳水	训练	4905	10532	广州体育职业技术学院片区
41	广州体育职业技术学院击剑馆	第四批改建场馆	击剑	训练	1800	5860	
42	广州体育职业技术学院摔跤馆	第四批改建场馆	空手道	训练	未明确	未明确	
43	广州体育职业技术学院跆拳道馆	第四批改建场馆	跆拳道	训练	1800	5860	
44	广州体育职业技术学院柔道馆	第四批改建场馆	柔道	训练	1800	5860	
45	广州体育职业技术学院武术馆	第四批改建场馆	武术	训练	2268	2268	
46	广州体育职业技术学院羽毛球馆	第四批改建场馆	羽毛球	训练	3420	11424	
47	广州体育职业技术学院射箭场	第四批改建场馆	射箭	训练	3520	3800	
48	广州体育职业技术学院田径场	第四批改建场馆	田径	训练	21256	未明确	
49	广州体育职业技术学院风雨篮球场	第四批改建场馆	卡巴迪	训练	未明确	未明确	

续表

序号	项目名称	建设类型批次	服务项目	场馆设施分类	用地面积（m^2）	总建筑面积（m^2）	所在片区
50	广州飞碟训练中心	第一批新建场馆	飞碟	比赛/训练	95000 暂定	9000 暂定	增城
51	马术比赛场（改建）	第二批改建场馆	马术	比赛/训练	53336	未明确	从化流溪
52	矿泉游泳场（水球馆）	第二批改建场馆	游泳、水球	训练	未明确	未明确	白云区
53	板球场	第三批新建临时体育场	板球	比赛	待定	待定	
54	大世界保龄球馆	第三批改建场馆	保龄球	比赛/训练	待定	待定	
55	马拉松赛场	第四批改建场馆	田径（马拉松）	比赛/训练	未明确	未明确	
56	国际羽毛球培训中心	第四批改建场馆	羽毛球	训练	15193	11500	广州开发区科学城
57	广州高尔夫协会公众高尔夫练习场	第四批改建场馆	高尔夫	训练			
58	暨南大学体育馆	未明确	篮球	比赛/训练			暨南大学
59	中山大学体育馆	未明确	女子排球	训练			中山大学南校区
60	华南理工大学体育馆	未明确	体育舞蹈	比赛/训练			华南理工大学五山校区

资料来源：《亚运场馆规划总指引》（2007 年）内部资料。

参考文献

[1] 周霞. 广州城市形态演进 [M]. 北京：中国建筑工业出版社，2005：104.

[2] 同 [1]：106-107.

[3] 广州市志（卷七）[M]. 中国出口商品交易会志. 广州：广州出版社. 2000：355-357.

[4] 徐晓梅. 流花地区的规划与建设 [A]. 广州城市规划发展回顾编撰委员会编. 广州城市规划发展回顾（1949—2005）上卷 [C]，2005：109.

[5] 同 [3]

[6] 同 [4]：108～110.

[7] 广州市规划设计院. 广州市越秀分区规划 [R]. 2005.

[8] 同 [7]

[9] 徐晓梅. 广州城市总体规划第 1～13 方案 [A]. 广州城市规划发展回顾编撰委员

会编. 广州城市规划发展回顾（1949—2005）上卷［C］，2005：85-88.

［10］ 同［9］：92.

［11］ 徐晓梅. 国务院批复广州市城市总体规划［A］. 广州城市规划发展回顾编撰委员会编. 广州城市规划发展回顾（1949—2005）上卷［C］，2005：126-132.

［12］ 方仁林. 广州天河地区规划构思［A］. 广州城市规划发展回顾编撰委员会编. 广州城市规划发展回顾（1949～2005）上卷［C］，2005：142.

［13］ 同［12］

［14］ 张植武. 吴良镛教授对广州市城市规划与建设的几点意见［A］. 广州城市规划发展回顾编撰委员会编. 广州城市规划发展回顾（1949～2005）上卷［C］，2005：133-134.

［15］ 袁奇峰. 珠江新城规划检讨［A］. 广州城市规划发展回顾编撰委员会编. 广州城市规划发展回顾（1949～2005）下卷［C］，2005：578.

［16］ 潘安. 广州市城市总体发展战略规划实施总结［A］. 广州城市规划发展回顾编撰委员会编. 广州城市规划发展回顾（1949～2005）下卷［C］，2005：494.

［17］ 关于批准黄村地区控制性详细规划的函［R］. 穗规城乡字［1999］230 号，1999.

［18］ 孙一民. 广州亚运体育设施建设谈：城市的机遇［J］. 建筑与文化，2004，7.

［19］ 李萍萍，王鹰翅等. 广东奥林匹克体育中心规划［A］. 广州城市规划发展回顾编撰委员会编. 广州城市规划发展回顾（1949～2005）下卷，2005：624.

［20］ 面向 2010 年亚运会的城市规划建设纲要［A］. 广州亚运村规划设计竞赛任务书附件，2007.

第 8 章　重大节事影响下的广州现代城市形态演变特征

从重大节事影响下的广州现代城市形态演变历程来看，具有明显的规律性和特征。本章将以两维度（时间维度、空间维度）、三要素（节事设施的空间布局、城市土地利用、城市基础设施）、三层级（区域结构形态、城市结构形态、区段结构形态）的理论框架为基础，对重大节事影响下的广州城市形态演变特征进行分析和归纳，并解释其产生的原因及存在的问题。

8.1　两维度特征

8.1.1　前期集中建设特征明显，后续发展调整周期长

正如第 4 章所述，重大节事前期阶段对城市形态的影响以显性为主，体现为大量的场馆设施建设和城市基础设施建设。广州城市举办重大节事之前的集中建设特征明显，并大约持续 3～5 年。以 1987 年的六运会为例，六运会的决赛项目共 44 个，其中在广东省举行的有 35 个。为了承办六运会，广州市甚至广东省都进行了大范围的场馆设施建设，其规模是前所未有的。从 1984～1987 年，广东省新建了 44 座体育馆，连同供全运会使用而建造的预备场、训练馆等，总数达 97 座，投资共 5.5 亿元[1]。除了天河体育中心外，广州市属的荔湾、海珠、黄埔、增城、番禺、花县共新建 6 个体育馆，改建和扩建了原有 13 个市属体育场馆[2]（表 8-1）。

六运会前期广州市新建的体育场馆　　表 8-1

建成时间	建设地点	场馆名称	建筑面积(m^2)	备　注
1986 年 12 月	荔湾路	荔湾区体育馆	6800	新建
1987 年 9 月	江南大道燕子岗	海珠体育馆	3000(主馆)	新建
1987 年	黄埔	黄埔体育馆	10000	新建
1987 年 3 月	增城	增城县体育馆	4143(主馆)	新建
1987 年 5 月	番禺	英东体育馆	9900	新建
1987 年	花县	花县体育馆	30000(占地)	新建

资料来源：作者根据《广州年鉴 1988》等资料整理绘制。

此外，1986～1987 年广州市还进行了大量的城市基础设施建设（图8-1～图 8-3）：建成小北路、大北路、人民路、六二三路等高架路，新建环市南路、天河路、天河北路、体育西路、广州大道北段、新河浦南北路、江南大道等

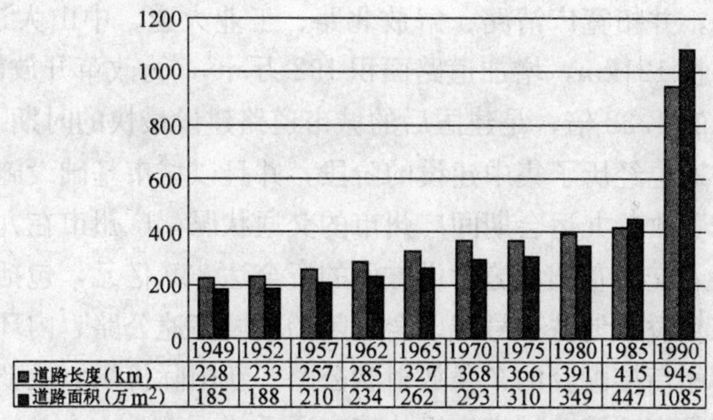

	1949	1952	1957	1962	1965	1970	1975	1980	1985	1990
道路长度（km）	228	233	257	285	327	368	366	391	415	945
道路面积（万 m^2）	185	188	210	234	262	293	310	349	447	1085

图 8-1　广州市道路增长图（1949～1990 年）

资料来源：广州市志·卷三：城建综述。

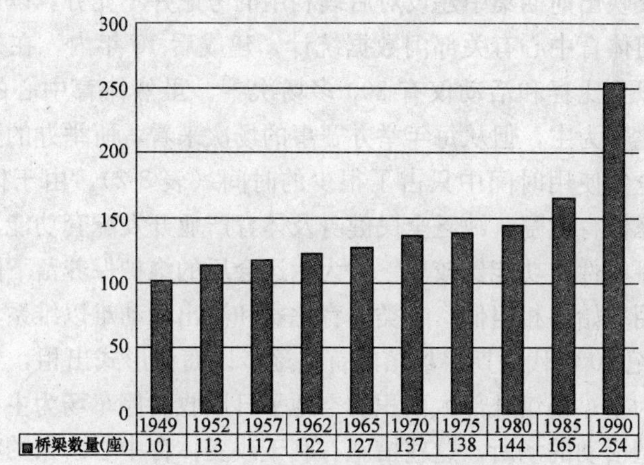

	1949	1952	1957	1962	1965	1970	1975	1980	1985	1990
桥梁数量（座）	101	113	117	122	127	137	138	144	165	254

图 8-2　广州市桥梁增长图（1949～1990 年）

资料来源：广州市志·卷三：城建综述。

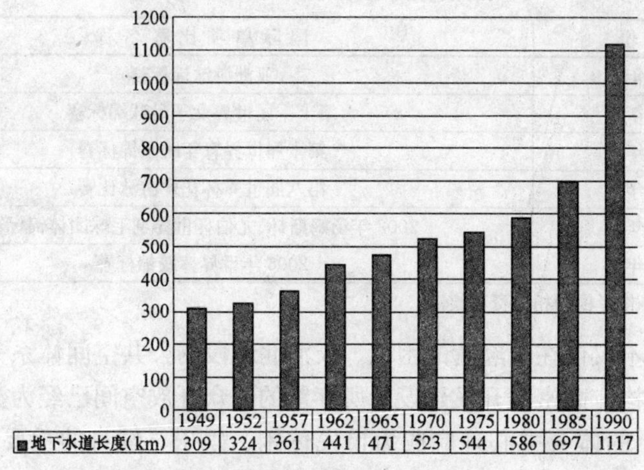

	1949	1952	1957	1962	1965	1970	1975	1980	1985	1990
地下水道长度（km）	309	324	361	441	471	523	544	586	697	1117

图 8-3　广州市地下水道增长图（1949～1990 年）

资料来源：广州市志·卷三：城建综述。

城市主要道路，并拓宽广清路、解放北路、工业大道、中山大道等主干道。两年新建道路长 121km，增加道路面积 192 万 m^2，为改革开放前 29 年增加道路面积综合的 1.22 倍，是建国后的城市道路建设最快的时期[3]。

九运会前期也经历了集中建设的阶段，并且以城市基础设施建设的建设最为明显。为了改善九运会期间广州市的交通状况，广州市在九运会前 3 年多时间内，投入交通基础设施建设方面的资金达 339 亿元，包括：鹤洞、华南两座跨珠江大桥、地铁一号线、全封闭的环城高速公路、内环与内环路和环城高速公路相衔接配套的 7 条放射状公路、新国际机场以及新国际机场高速公路和广深准高速铁路城市客运快速交通系统[4]。

然而，广州在节事举办之后的后续发展却普遍经历了漫长的调整周期，从另一侧面反映出前期集中建设对后续利用的考虑并不充分。以天河体育场为例，据天河体育中心有关部门数据统计，建成后 10 年内，在天河体育场举行的市级以上比赛和活动仅有 300 多场次[5]。虽然体育中心的后续利用以举办体育比赛为主，但从每年举办赛事的场次来看，所举办的大型体育比赛不多，在全年使用时间中只占了很少的时间（表 8-2）。由于体育中心的建设主要考虑体育竞赛，缺乏全民健身及体育产业开发配套功能，也未考虑多种经营的可能性，功能比较单一，为六运会后的维护保养留下隐患。体育场本身的利用率始终相当低，各类体育比赛和演出活动难以维系场馆的正常经营。20 世纪 90 年代后期，场馆的首层逐步以商业形式出租，主要以康体商城和餐饮为主；场馆外部大面积的空地平日以收费停车场为主，节假日则作为举行大型活动的场所。这些措施有利于改变体育中心萧条的状况，但作为城市中心区的核心地段，其黄金地段的土地价值始终难以充分体现。

天河体育中心承办的部分国际单项竞赛　　　　表 8-2

年份	国际单项比赛名称
1988 年	亚洲游泳锦标赛
1991 年	第十一届世界女子足球锦标赛
1996 年	第十届世界青年跳水锦标赛
1997 年	第八届世界杯花样游泳比赛
2002 年	2002 年汤姆斯杯、尤伯杯世界羽毛球团体锦标赛
2006 年	2006 年世界摔跤锦标赛

资料来源：作者根据相关资料绘制。

问题还不仅仅在于经营的困境。天河北地段的公共空间体系一直缺乏良性的发展架构，高密度开发建设后所存留的公众开放空间已经为数不多，占地 54 万 m^2 的体育中心理应成为市民休闲、娱乐、健身的重要开放空间，但由于长期的封闭式管理，一直未能形成充满活力的城市中心区。直到 1995 年体育中心改为免费开放的模式，受到了市民广泛的欢迎和响应。这一举措不仅大大提高了羽毛球馆、游泳馆，以及中心内部草坪、广场的利用率，而且有效减少了大尺度街区给城市带来的种种负面影响，市民愿意从中心内部穿过和停留，体育中心的可及性和场所感得以极大的改善，作为城市公共空间的体育中心逐步得到完善[6]。

对于天河体育中心，经营者的费尽心思显而易见。近年来，整个中心收入开始实现收支平衡，并开始成为重要的城市空间。然而，体育中心规划设计之初缺乏整体性、多样化的考虑所导致的问题仍然遏制了其作为城市中心应当发挥的重要作用。如果当时的决策和设计能更具前瞻性，这十几年的辗转原本是可以避免的。

与天河体育中心后续利用的尴尬境地相比，天河体育中心的周边地段开发与建设，在六运会之后表现得却非常活跃。20 世纪 90 年代是天河体育中心区段的快速发展时期，广州购书中心、天河城的建设为区段提供了重要的公共服务设施，并迅速成为城市级的商业、休闲中心；市长大厦、国际贸易中心以及中信广场的建设强化了区段的商务办公中心地位，并成为城市的地标区段；此外，这一时期天河区大量住宅小区的建设，促使老城区的人口转移，为区段的快速发展提供了足够的人口规模。至 20 世纪 90 年代末，天河体育中心地段已经发展成新的城市中心地段。然而，新中心的成长过程中，发展瓶颈仍然明显。规划结构的局限性、道路规划的严重滞后、公共空间的缺失等等，都给体育中心地段的发展带来难以克服的城市问题。

总的来说，六运会之后天河体育中心的后续发展是喜忧参半的，核心区对周边地块的辐射效应明显，六运会起到了新区建设的触媒作用，不过场馆设施的后续利用和地区的后续发展出现许多问题，因此对六运会的后续发展进行总结和评价是相当必要的，不仅有利于发展过程中进一步协调改善，更重要的是对城市举办类似节事有借鉴和参考意义。后续发展调整周期漫长涉及许多因素，一方面：前期建设的规划和发展策略对后续发展估计不足，造成规划滞后于城市发展；另一方面：重大节事的举办时间间隔过长，如九运会与六运会时隔 14 年之久，使设施的再利用陷入窘境。

8.1.2 新城建设为主，旧城更新为辅

从广州城市举办的重大节事与相应发展的区段来看，显示出新城建设为主导的空间维度特征。除 1957 年开始的广交会选址旧城之外，1987 年的六运会、2001 年的九运会、2000 年的琶洲新广交会，均以带动新城建设为主（图 8-4）。

正如第 4 章所述，以重大节事为触媒的新城发展原则主要为两点：(1) 功能定位应利用和扩大重大节事的效应，并与城市中心优势互补；(2) 重大节事建设的公共服务设施和交通体系将成为新城后续发展的关键支撑。广州利用重大节事的契机进行新城建设时，这两方面原则都得到了一定的贯彻，但同时也存在时机的把握和条件是否成熟等问题。

1987年以六运会主赛场天河体育中心为核心建设的天河新区，其功能定位是：科技文教区，主要以文教、体育、科研单位为主，积极开辟天河体育中心综合区，兴建科学技术开发区[7]。一方面，天河新区的定位相当综合，有利于新区发展为功能复合的城市社区；另一方面，天河新区的定位利用了文教科研、体育和科技开发等旧城稀缺的资源，与城市旧中心形成优势互补，为新区长远发展提供了动力。此外，六运会之前和结束后建设的公共服务设施也为该区的综合发展提供了良好的基础。六运小区、广州购书中心、天河城等各类公共服务设施的兴建，在六运会之后的城市发展中，直接吸引了大量的住区开发和更多的公共服务设施建设，新区的发展进入良性循环、互相促进的过程。

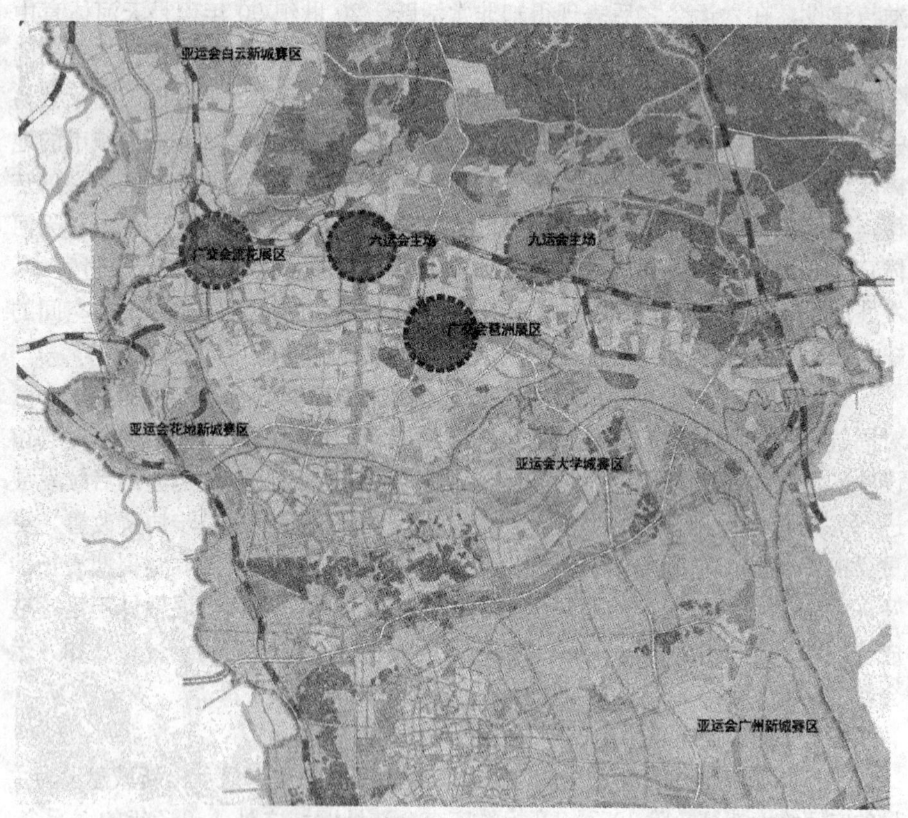

图8-4 广州历次重大节事选址（广交会、六运会、九运会、亚运会）

资料来源：作者自绘

然而，天河新区的交通体系却由于规划观念的滞后，成为新区后续快速发展阶段的瓶颈。以满足六运会举办期间的大量人流疏散需求为目标，街块的规划尺度过大，道路宽但密度严重不足，在天河区人口和建筑密度迅速膨胀时，这些问题显示出对天河区发展的极大制约性。

九运会的建设显然吸取了六运会的教训，大量的交通设施建设先行，为远离城市中心的新城建设提供了基本保障。然而，功能定位的偏差，却导致黄村地区在九运会之后的6年时间里，发展一直相对缓慢，至今仍未能形成较为成熟的城市新区。黄村地区的定位是建设成为以科技、体育、旅游等产业为主导的新型产业区，相对于天河体育中心对于天河区的影响力来说，九运会建设的体育设施在新型产业区的发展过程中影响力相对较弱，难以发挥重大节事带来的各方面效应。由于远离城市中心，新区建设过程中对城市人口的吸引力也显得缺乏。因此，利用九运会建设奥体新城的规划，在缺乏准确功能定位的情况下，其发展受到抑制。

新老广交会则分别带动了城市新区建设和旧城更新。老广交会的展馆选址与建设，不仅直接促进流花地区城市格局的形成，而且对海珠广场地段的形态发展也产生了积极的带动作用；新广交会的展馆建设对琶洲新区的发展启动作用明显，但后续发展速度一直相对缓慢，一方面公共服务设施的建设相对滞后，另一方面新区的功能定位过于单一。琶洲新区的发展与成熟，需要足够的配套服务设施的开发、地区产业的发展以及合理定位的居住区的建设，广交会本身只是发展契机，它带来的优势和影响应当转化为有利于新区发展的硬件和软件，才能真正起到新区建设的触媒作用。

利用重大节事进行新区建设对于广州城市的阶段性发展来说是必要的，但由此带来的城市迅速蔓延也应当引起足够的重视，同时，对于节事建设已经启动的新区应给予更多的关注与后续发展的考虑。

8.2 三要素特征

8.2.1 设施布局模式转变，功能转换存在差异，空间纽带效应不足

一、设施空间布局模式由“单中心”转为“多中心”模式

以重大节事的主要相关设施建设是否集中或分散作为类型划分的依据，广州重大节事的设施空间布局模式大致包括“单中心”集群式和“多中心”集群式两种模式，并具有“单中心”逐步转为“多中心”模式的趋势。当然，这种转变一方面来自于节事规模的日益扩大和节事等级的提升，其设施建设的规模和要求带来模式转变的可能；另一方面，向“多中心”模式的转变体现了城市空间结构形态扩展和整合的两方面需求。

新会展中心选址琶洲岛，广交会期间与流花展馆实行两馆并行的举办策略，其中的重要原因在于“单中心”模式的流花展馆长期处于超饱和状态，琶洲会展中心能够有效缓解流花展馆的压力，同时，琶洲会展中心还担负着启动琶洲岛开发，促使城市空间进一步“南拓”的重要角色。广交会的举办由原来的单一展场区转为两个展场区，这种“多中心”模式在大型博览会的案例中都是少有的。两个展区能够实现分主题展览、分时段展览，能够有效

缓解单一展区周边巨大的交通压力，能够将服务设施的压力分散到城市不同区段，将广交会带来的压力和效益同时有效地释放。不过，两个展区之间的交通联系存在的问题也是相当明显的，大运量的公共交通在广交会期间出现了超负荷运营的状况。第 100 届广交会地铁全线日客运量高达 95.18 万人次，其中毗邻琶洲展馆的地铁二号线新港东站全天客运量为平日客流的 13 倍，达 1.73 万人次，为应对如此大的人流量，广交会首次实施区域性临时交通管制，同时地铁公司启动了应急预案，增设临时售票点，安排人员引导乘客出站及换乘[8]。所以，两个展区的举办方式还有待更完善的交通组织。当然，从长远来看，广交会采用集中展区的举办模式更有利于组织和管理，回归“单中心”模式只是时间问题。

从六运会、九运会到亚运会，其体育场馆设施的布局模式也经历了从“单中心”向“多中心”转变的过程。六运会的体育设施建设中，天河体育中心的集中建设规模是最大的，总建筑面积为 14 万 m^2，总投资高达 3.1 亿元[9]，占六运会所有总投资的 60%，虽然在省市的其他地区也新建、改建多个场馆，但大多分散在各处，天河体育中心的建设无疑确定了六运会的“单中心”布局模式。正是因为这一模式，触发了广州天河新区的大规模开发，使城市结构有组织地得以扩展。九运会的建设也采用了新建大规模体育中心的模式，同时天河体育中心作为主要赛场之一，也进行了改造更新，并建设了新的比赛场馆，因此九运会的设施布局模式已经开始由“单中心”向“多中心”转变。亚运会设施的布局模式则属于典型的“多中心”集群式布局模式（图 8-5），并与城市后续发展紧密结合，亚运会主赛区设于广东奥林匹克体育中心，与天河体育中心分别进行改造和更新，形成市级复合型体育中心，广州新城、大学城、白云新城、花地新城构建地区性的体育中心，形成多中心、多功能的赛区布局和网络状的城市体育设施布局[10]。这一布局模式既着眼于现有体育设施的再利用和城市内部结构的梳理，也有利于城市新区的启动开发。当然，各中心片区的成型和发展还与具体的设施建设和周边土地开发条件有关。例如：以亚运村为主要设施形成分赛区，并以此带动远离中心区的广州新城的后续开发，将使城市面临不小的挑战，其合理性还有待时间检验。

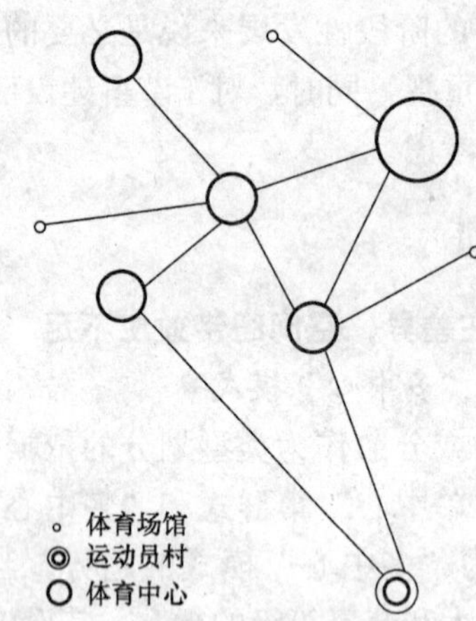

图 8-5　广州亚运建设布局模式示意图
资料来源：作者自绘

总的来说，重大节事的设施布局模式向“多中心”转变，使广州城市空间得以扩展，当然在这一过程中还应当注重不断地进行整体形态的调整和梳理，才能使城市形态更趋于良性发展。

二、设施功能转换存在差异

由于会展业的发展需求不断增大，流花展馆和琶洲展馆这两大场馆在节事后的功能仍以会展为主，在非广交会期间的利用率相当高。以第 98 届的秋交会之后的展览排期为例（表 8-3）：2005 年 11 月～2006 年 3 月间（其中 1 月和 2 月均未安排展览），琶洲展馆共举办 17 场展览，其中展览馆使用 35 天，半年使用率达 38% [35 天/(30＋31＋30）天＝38%]；流花展馆共举办 16 场展览，其中展览馆使用 43 天，半年使用率达高达 47% [43 天/(30＋31＋30）天＝47%]。下半年的展馆使用率一般还会更高。由于流花展馆周边已经形成旧城中心区，展馆周边配套建设的酒店、商业等服务设施在非广交会期间也能够保持较高的使用率，成为城市设施的有机组成部分。琶洲展馆周边配套设施尚处于建设过程中，这些设施能否顺利转化为城市服务设施，有赖于琶洲岛的进一步建设和开发，以及与中心区的紧密联系。

中国出口商品交易会展览馆展览排期（2005 年 11 月～2006 年 3 月）　　表 8-3

琶洲展馆	
展览名称	时间
第 96 届中国日用百货商品交易会暨中国现代家庭用品博览会	11 月 10 日～11 月 12 日
中国国际渔业博览会、中国国际水产养殖博览会	11 月 10 日～11 月 12 日
第二届中国(广州)国际自行车博览会	11 月 20 日～11 月 22 日
第三届中国(广州)国际汽车博览会	11 月 22 日～11 月 28 日
琳琅沛丽亚洲皮革展	11 月 30 日～12 月 02 日
第十二届广州酒店设备用品展览会 2005 年广东旅游产品工艺品展览会	12 月 05 日～12 月 07 日
2005 年广州清洁设备用品展览会 2005 广州餐旅食品西餐食品及饮料博览会	12 月 05 日～12 月 07 日
第 8 届中国留学人员广州科技交流会	12 月 28 日～12 月 29 日
第六届中国(广州)纱线及纤维展览会 第六届中国(广州)缝制设备展览会	03 月 01 日～03 月 03 日
第六届中国纺织染料及印染助剂(广州)展览会 第六届中国(广州)纺织机械及印染设备展览会	03 月 01 日～03 月 03 日
2006 广州国际旅游节	03 月 03 日～03 月 05 日
第十届中国(广州)国际工业控制自动化及仪器仪表展览会 第八届华南液压气动密封件及空气压轴机国际展览会	03 月 06 日～03 月 09 日
第四届中国(广州)计量测试产品及在线分析仪器展览会	03 月 06 日～03 月 09 日
第七届中国(广州)国际给排水、水处理技术展览会 第六届中国(广州)国际泵、阀门、管道展览会	03 月 06 日～03 月 09 日
2006 中国(广州)国际大气、固体废物污染治理技术与设备展览会	03 月 06 日～03 月 09 日

续表

流 花 展 馆	
展览名称	时 间
第十三届华南地区国际印刷设备及印刷工业展览会	03月07日～03月10日
2006第四届广州医疗器械展览会	03月07日～03月09日
2005年第九届中国宠物、水族用品展览会	11月07日～11月10日
2005(广州)机械设备博览会暨第五届(广州)玩具礼品文旬采购交易会	11月20日～11月22日
第九届广州食品工业展览会	11月20日～11月22日
2005广州石材工业展览会	11月20日～11月22日
第85届中国纺织品服装交易会暨广州服装服饰交易会	11月25日～11月28日
2005年广州国际艺术博览会	12月01日～12月05日
第五届华南木材、人造板、木地板、木门、装饰纸、贴面封边材料及设备展	12月08日～12月10日
第十届广东纺织机械展览会	12月13日～12月15日
首届泛珠三角制冷空调技术交流及设备展览会(广州)	12月21日～12月23日
2006第四届汽车用品(广州)展览会 2006春季车用空调及冷藏技术(广州)展览会	03月01日～03月03日
2006广东国际广告展、2006广州国际广告礼品展 2006广州国际霓虹灯展览会、2006广州国际LED展览会	03月03日～03月06日
2006第十一届华南口腔医疗器材展览会及技术研讨会 2006年第四届中国国际口腔保健品展览会暨技术研讨会	03月10日～03月13日
第十一届广州礼品赠品文具展 2006年彩盒包装展	03月10日～03月12日
第十二届广州特许经营、连锁加盟展览会	03月10日～03月12日
2006中国(广州)国际家电、电子产品及配件博览会	03月18日～03月21日
第二十四届广州国际美容美发化妆用品进出口博览会	03月25日～03月27日

资料来源：作者根据中国出口商品交易会展览馆网站资料绘制。

与广交会展馆相比，天河体育中心与黄村奥林匹克体育中心的赛后功能转换相对困难，而且两者之间也存在差异。天河体育中心在六运会之后承办了一系列的高水平体育竞赛，但由于体育产业开发配套设施落后，经营运作曾经相当困难。市场经济时代，体育中心进行多元化项目经营，是国内外体育中心比较常见的做法。但天河体育中心早期场馆建设缺乏多元化经营的考虑，改造后占用了部分体育比赛用房，导致经营状况十分混乱。1999年，体育中心取消了非体育本体的违法建设项目，同时引入与体育产业相关的项目，例如体育场首层部分用房改为康体用品中心，并增加全民健身设施和场所，使经营状况逐渐好转。2000年以后，天河体育中心又增建了大量的场馆设施，包括：天河网球馆、天河篮球俱乐部、广州体育东足球场，强化了体育中心的城市服务性质，其功能成功转换为城市社区的基础设施。广东奥林匹克体育中心在九运会后已经发展了近6年，但其利用率还相当低，城市边缘的区位以及低密度的开发策略给功能转换带来更多困难，需要进一步引入体育产业相关的项目辅助其功能转换。

从广州节事设施的功能转换分析来看，会展场馆的后续利用率高于体育场馆，选址旧城或新城中心的设施后续率用率高于选址城市边缘及郊区的设施。这与设施所在的区位、周边地块开发状况、设施自身的功能性和灵活性等因素相关，其中区位是决定性的因素。因此，节事设施建设之前，进行节事后功能转换评估并以此作为设施布局选址的依据是十分必要的。

三、新尺度公共空间公共纽带效应不足

重大节事对广州城市公共空间形态的影响涉及两个层面：对于城市整体空间形态的意义以及对于区段空间形态的建构。城市举办重大节事而建设的大尺度场馆及中心，为城市的公共空间体系提供了新尺度的公共空间，应当以此为基础对周边地块的公共空间进行整合，并建构区段的公共空间体系。

广州旧城的公共空间以骑楼为典型，其形态以线型为主，并联系小尺度的面状空间。这些公共空间与步行系统之间，具有良好的关联度，因此广州旧城的公共空间具有可及性与多样性。天河体育中心的建设，为广州城市提供了新的公共空间类型，与旧城的公共空间相比，其类型和尺度完全不同（图 8-6～图 8-9）。

天河体育中心属于集中式建设模式，必须满足全运会举办时三大场馆的疏散要求，空间的尺度和形态强调其功能性的作用，而忽视了赛后空间使用的灵活性和多样性，加之赛后长期的封闭式管理，使天河体育中心难以成为城市中具有吸引力的新的公共空间。在后期发展中，天河体育中心周边逐步发展了大型购物中心、商务办公、居住区等多功能的土地使用，却由于体育中心规划时忽视步行系统的建立，导致后期建设中不得不以加建地下步行隧道的方式进行空间联系，周边地块的多样化公共活动难以向体育中心的空间

图 8-6　广州传统城市空间（20 世纪初）

资料来源：周霞．广州城市形态演进［M］．北京：中国建筑工业出版社，2005：107.

图 8-7　广州西关地区图底

资料来源：周霞．广州城市形态演进［M］．北京：中国建筑工业出版社，2005：66.

图 8-8　天河体育中心鸟瞰（20 世纪 80 年代）
资料来源：网站

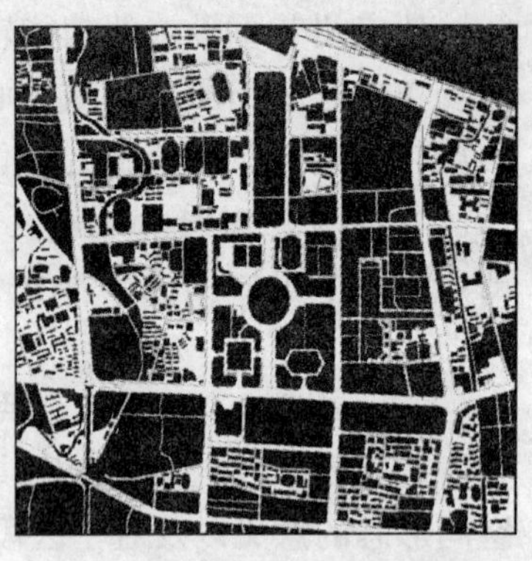

图 8-9　天河体育中心地区图底
资料来源：作者根据全国电子地图改绘

渗透，不仅削弱了体育中心为城市提供新公共空间的重要意义，而且难以整合周边地块逐步形成的公共空间，天河中心区公共空间体系的形成也因此显得更为困难（图 8-10）。另一方面，作为城市的大尺度公共空间，体育中心对于举办大型体育赛事和大型公共活动虽具有一定优势，然而空间被不同时期建设的建筑和道路划分得细碎、混乱，缺乏舒适的绿化和休憩空间，大型公共活动的举办难以给市民留下良好的场所感。作为城市中新尺度的公共空间，天河体育中心的公共纽带作用明显不足。

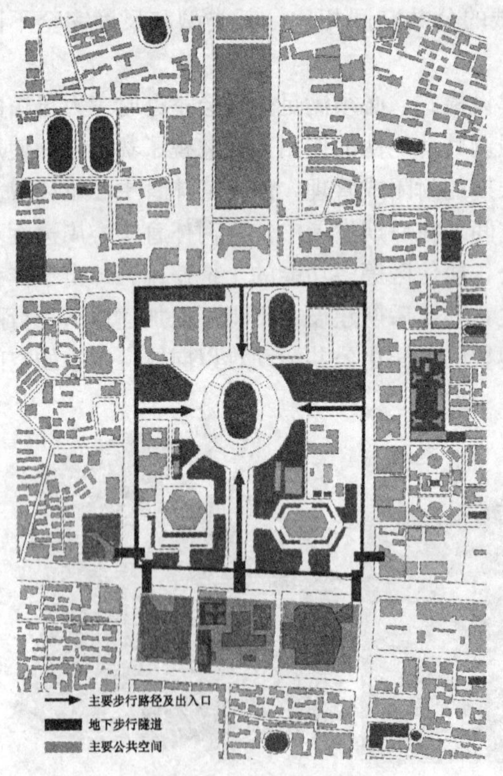

图 8-10　天河体育中心周边重要公共空间与步行系统分析
资料来源：作者自绘

广交会流花展馆的建设，对于流花地区也提供了新形态的公共空间。院落式、底层架空的展馆设计，形成该街区中颇具特色的公共空间，虽然展馆占地面积大，但多个庭院有效地优化了空间的尺度感（图 8-11）。

展馆地块周边的公共空间资源也非常丰富，流花湖公园、越秀公园、兰圃公园与展馆的距离均在步行范围以内，解放北路、人民路是具有广州城市特色的典型林荫路，展馆的建设给地块周边公共空间的整合提供了机遇。然而，展馆封闭式的管理模式和迅速膨胀的展览规模，使原有的良好空间架构未能充分发挥效益，展馆的广场、庭院与城市步行道被完全隔绝管理，人民路的林荫步道、展馆与兰圃公园之间的步行道都变成堆积展览货物的通道，大大弱化了该地区各类公共空间之间的联系（图 8-12）。流花展馆与越秀公园、兰圃公园的步行联系非常薄弱，与城市街道的空间也缺乏联系，整片街区由围墙形成与街道空间的隔绝，虽然人民路和解放北路都是具有特色的林荫道，却难以形成高质量的公共空间。另外，展馆与广州火车站之间的交通空间也非常混乱，步行空间质量堪忧。对于广交会而言，能够体现城市特色的区域与展会主要空间不相互联系，使广交会本应有的特色缺失了；对于城市来说，流花展馆所在的街区形成了空间的空白地带，同样显现出相当薄弱的公共纽带作用（图 8-13）。

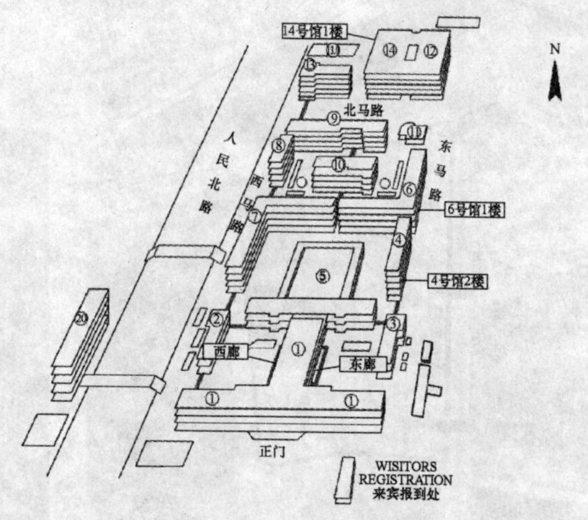

图 8-11　流花展馆的院落式布局

资料来源：中国出口商品交易会展览馆网站

基于天河体育中心和流花展馆的公共空间纽带效应不足以及相应带来的问题，琶洲会展中心的建设在规划阶段对于公共空间之间的联系给予了更多的重视。会展南北侧的滨江带、西侧的公园都被纳入会展中心规划中，将与会展中心的交通性疏散广场形成功能互补，提供休闲性、娱乐性的公共空间。规划对步行系统的建构给予了足够重视，从地铁站、会展中心到滨江公共空间，都有相对舒适的步行通道，具有较好的可及性。空间的形态也相对多元化，线型的滨江带、面状的社区公园与会展的长形、方形广场形成不同的空间感受和景观视野。琶洲会展中心正在建设中，周边地块也正逐步进行建设开发，公共空间体系的建立并不能一蹴而就，还需要在建设开发的过程中不断地完善、协调发展。

8.2.2　节事地段边界效应明显，周边土地超常增值

重大节事引发的广州城市土地利用模式变化，主要体现在以下两方面：(1) 由于重大节事相关设施的建设，导致土地利用结构发生较大变化；(2) 重大节事地段“边界效应”明显，并促使周边土地超常增值，给城市整体经济发展和城市规划管理带来冲击。

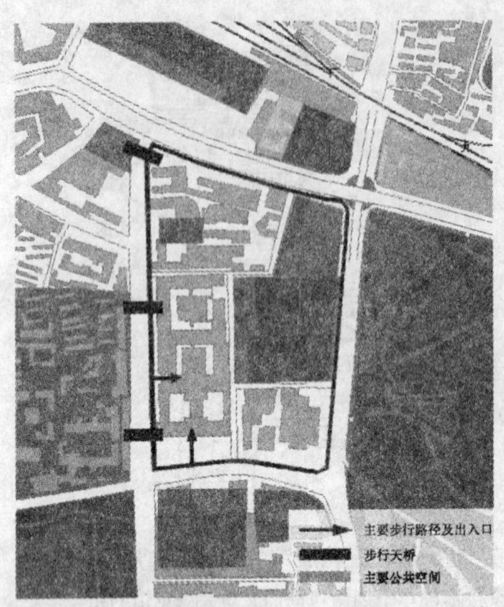

图 8-12　流花展馆周边公共空间与步行系统
资料来源：作者自绘

图 8-13　流花展馆与周边的城市公园联系薄弱
资料来源：作者自绘

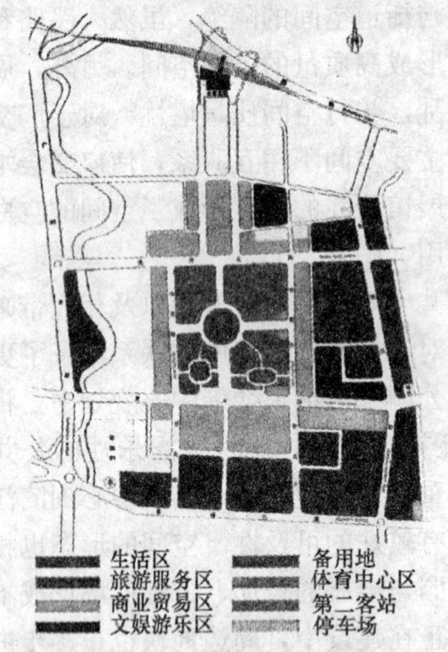

图 8-14　天河新区土地利用规划（1986 年）
资料来源：李萍萍，刘继平，赵科亮．天河体育中心的规则建设［A］．广州城市规划发展回顾编撰委员会编．广州城市规划发展回顾（1949-2005）上卷［C］，2005：145.

一、土地利用结构发生变化

1986 年天河新区的规划中，土地利用结构显然是以体育中心为核心进行布局的。规划用地平衡表显示：除道路和居住用地之外，体育中心区的占地比率为 14.8%，远高于其他功能用地（图 8-14、表 8-4）。

六运会之后的近 10 年时间里，天河区发展异常迅速，其土地利用结构也在新区规划的指引下进行调整，与六运会之前的结构相比产生了较大变化。在天河区的土地利用结构中，农业用地（耕地、园地、林地、专用牧草地）与非农业用地（居民点、工矿用地、交通用地和特殊用地）的比例由 1993 年的 1.12∶1 缩至 1996 年的 0.98∶1[11]（图 8-15、图 8-16），表明天河区原来的以农业为主的土地利用结构已经改变，六运会之后的天河区迅速走向城市化。

规划用地平衡表（1986年） 表 8-4

项　目	面积(hm^2)	比率(%)	项　目	面积(hm^2)	比率(%)
体育中心区	48.98	14.8	规划国际医疗	4.34	1.3
旅游服务区	25.83	7.8	道路	66.12	20
商业贸易区	14.4	4.4	停车站场	9.55	2.9
火车东站站场	31.74	9.6	公共消防	1.64	0.5
文娱游乐区	18.1	5.5	其他市政基础	8.76	2.6
生活居住区	88.9	26.9	总计	330.76	100
规划备用地	12.4	3.7			

资料来源：李萍萍，刘继平，赵科亮。天河体育中心的规则建设［A］．广州城市规划发展回顾编撰委员会编．广州城市规划发展回顾（1949-2005）上卷［C］，2005：146.

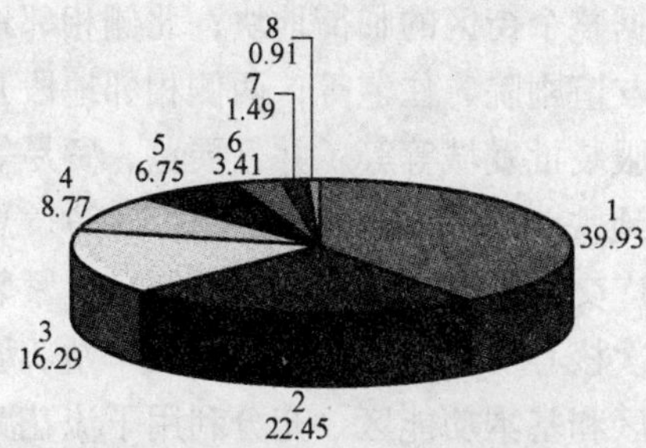

图 8-15　1993 年天河区土地利用结构图

1-居民点及工矿用地；2-林地；3-耕地；4-园地；5-水域；6-交通用地；7-未利用土地；8-牧地

资料来源：彭姣凤等．天河区土地利用状况及持续利用对策［J］．生态科学．2000 年（3）：76.

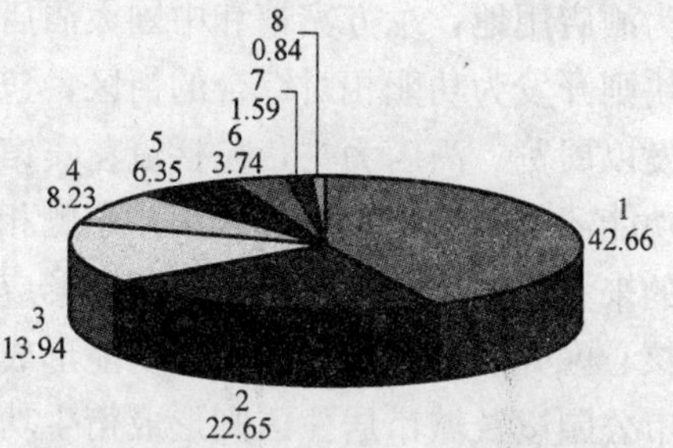

图 8-16　1996 年天河区土地利用结构图

1-居民点及工矿用地；2-林地；3-耕地；4-园地；5-水域；6-交通用地；7-未利用土地；8-牧地

资料来源：彭姣凤等．天河区土地利用状况及持续利用对策［J］．生态科学．2000 年（3）：76.

1999～2001 年，天河区的土地利用结构在筹办九运会时，再次产生了较大改变。为举办九运会，1999 年开始进行大量的场馆和基础设施建设，天河区因国家基建而减少的耕地面积连续 3 年都在 60% 以上，其中 1999 年、2000 年连续两年均为 100%，天河区土地利用结构中农业用地与非农业用地的比例也相应地迅速缩减（图 8-17）。图中的统计数据显示：1999 年天河区和黄埔区相比较，由于国家基建而减少的耕地面积比例均为 100%，2000 年之后黄埔区的比例迅速减小，而天河区则保持着高比例（2000 年 100% 和

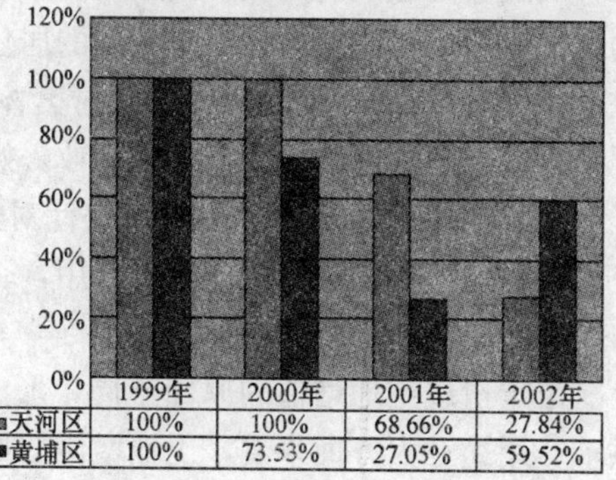

	1999年	2000年	2001年	2002年
天河区	100%	100%	68.66%	27.84%
黄埔区	100%	73.53%	27.05%	59.52%

图 8-17　天河区土地利用结构变化图（1999～2002 年）

资料来源：作者根据广东统计年鉴 2000～2003 年数据绘制

2001年68.66%），直到九运会结束后的2002年才迅速减少为27.84%。可见，1999～2001年的三年，天河区减少的耕地主要用于国家基建，九运会之后这一比例就大为减少了。

二、节事地段边界效应明显

正如第5章所述，大型博览会展馆和大型体育节事场馆的建设地段都具有边界效应，能够直接带动周边土地进行关联性的开发，不过关联性的具体表现存在差异。

广交会流花路展馆地段的地块发展体现了明显的"边界效应"，以优先开发紧邻核心区的地块为特征，地块开发性质与会展紧密相关，主要包括：酒店、会展、商务办公等，形成明显的会展产业链。展馆南侧相邻地段开发为酒店用地，东方宾馆和中国大酒店占据整个街区的临街地块；北侧相邻地块则开发为功能相对综合的街区，包括友谊剧院、住宅等；西侧相邻地段开发以展览、酒店为主，包括流花宾馆、服装批发城等等，并且展览、贸易等功能还延续至街区内部地块；东侧相邻地块为城市公园兰圃（图8-18）。总的来看，广交会流花路展馆地段形成以广交会为核心功能的圈层结构，紧邻核心区开发的酒店、商贸等功能形成了次核心功能区，外圈层的火车站、城市公园以及城市居住区则形成衍生功能区和基本功能区，充分利用了流花路展馆的"边界效应"。琶洲会展地段周边地块的开发也利用了国际会展中心的"边界效应"，以酒店、商务办公为主要的次核心功能，已经建成的包括：香格里拉酒店、保利大厦等，但地区的衍生功能圈层和基本功能圈层还有待进一步完善。

天河体育中心区段通过短短20年的发展，成为城市新的中心区，也正是在规划控制和指引中成功地利用了"边界效应"，以体育中心为核心功能区，周边邻近地块的开发以商业、娱乐、办公等公共设施为主，形成次核心功能区和衍生功能区，并结合大量的居住区开发形成基本功能区，最终促使综合性社区的形成（图8-19）。黄村奥林匹克体育中心区段还在发展建设过程中，其周边地块的开发同样以商业、娱乐为主，外围则发展大型居住区和工业园。地区后续发展过程中，应针对规划定位注重有效功能的引入和补充，充分发挥其"边界效应"的作用，否则将造成城市资源的浪费。

三、周边土地超常增值

由于造成土地增值的原因不同，形成了土地增值的不同形态。从投资、供求、用途三大方面来看，土地增值的形态分别有：投资性增值、供求性增值、用途性增值。投资性增值是指对土地进行直接、间接投资所形成的劳动价值量增加而使土地增值，其中又分为两种：一是宗地直接投资性增值，二是外部投资辐射性增值，即投资的外部辐射效应所形成的外部性效益。供求性增值又可称之为稀缺性增值，其本质是土地物质的稀缺性所引起的价格上涨，与对土地的投资无关。用途性增值，是指当投资水平和供求状态不变时，同一宗地由低收益用途转为高收益用途时，例如：农地变为非农地，工业用地变为住宅用地、商服用地时，由于收益水平提高，地价也相应提高[12]。

图 8-18　流花路展馆地段土地利用的“边界效应”

资料来源：作者以越秀区分区规划图（2005 年）为依据改绘。

图 8-19　天河体育中心地段土地利用的“边界效应”

资料来源：作者以天河区分区规划图（2005 年）为依据改绘。

重大节事所引发的广州土地增值，既包括投资性增值，也包括用途性增值，其中以投资性增值更为明显。天河体育中心建设所占用的地块及其周边地块，其用地性质由原来的特殊用地、农业用地转为体育设施用地、商业用地、住宅用地等高收益用途，促进了土地的增值。同时，天河体育中心的建设和相关的基础设施建设属于对该地块的直接投资，其所形成的固定资产又具有一定的辐射度，从而使周边其他土地价格也有所增加。简而言之，天河体育中心的建设给土地带来直接投资性增值的同时，也带来了外部投资辐射性增值。

另外，土地增值还有正常增值与非正常（超常）增值之分。前者是指土地增值反映土地供求关系和土地投资状况，与国民生产总值等经济变量保持着较密切的比例关系。后者则是指它脱离了正常的供求关系和土地投资的状况，与国民生产总值等的增长不成比例[13]。其原因在于，投机性需求过旺，其表现为地价狂升，形成“泡沫地价”。

重大节事引发的广州土地增值属于超常增值。从广州城市统计指标分析：2000～2002 年 3 年中，国内生产总值以 2000 年的增长比例（15.52%）为最高，2001 年、2002 年均有下降；而以国有土地使用权出让单价来看，2000 年、2002 年均有所下降，而 2001 年却呈现完全相反的增长态势，其增长比例高达 75.39%，与同年的国内生产总值增长比例 13.04%相比，远远超出正常比例关系（表 8-5）。2001 年广州土地的非正常增值虽然是多因素影响的结果，但九运会的举办是其中的重要因素之一。

广州城市 1999～2002 年国有土地价格与国内生产总值比较　　表 8-5

项　目	单位	1999 年	2000 年	2001 年	2002 年	2000 年同比	2001 年同比	2002 年同比
国内生产总值	亿元	2056.74	2375.91	2685.76	3001.48	15.52%	13.04%	11.76%
国有土地使用权出让总费用	亿元	39.43	36.91	56.73	54.79	−6.39%	53.70%	−3.42%
国有土地使用权出让面积	万 m^2	1119.80	1206.30	1057.11	1067.64	7.72%	−12.37%	1.00%
国有土地使用权出让单价	元/m^2	352.12	305.98	536.65	513.19	−13.10%	75.39%	−4.37%

资料来源：作者根据广州统计年鉴 2003 的数据整理绘制。

琶洲会展中心的建设对周边土地增值的提升也相当明显。2003 年，琶洲商业用地的楼面地价大约 2330 元/m^2，2006 年已上升至 8000 元/m^2，最高价甚至已达 10037 元/m^2，地价 3 年的增长幅度高达 4 倍[14]。琶洲会展中心地段目前投入使用的只有中洲中心、保利国际广场以及香格里拉大酒店，其他大部分区域仍处于施工或拟建当中，虽然如此，一年两次的广交会仍使琶洲会展中心周边的土地建设和开发相当活跃，土地价格还在不断地快速提升，其外部辐射效应明显。

不过，重大节事引发土地超常增值而带来的“泡沫”会影响城市整体经济状况，出现如第 2 章中提到的“奥运会滑坡现象”。如果规划滞后、管理控制力度不够，土地的超常增值还将引发“抢地”现象，国有土地迅速流失的同时对城市形态造成难以弥补的遗憾。广州天河区在举办六运会之后的迅猛发展过程中，曾出现过城市规划失控的现象，导致天河区的城市空间形态发展极度混乱。

针对重大节事引发的土地超常增值，广州应总结以往的经验教训，制定调控和持续发展两方面并行的应对策略。一方面：重大节事之前应当通过宏观调控和规划管理，将土地的超常增值控制在一定范围内，并对土地的审批划拨进行严格控制；另一方面：重大节事之后应为城市经济发展带来持续动力，避免由于重大节事的短期性而导致城市经济急速增长和滑落。

8.2.3　基础设施建设投资超常增长但仍属理性

重大事件引发的城市基础设施建设变化特征，可以从以下几方面进行比较分析：基本建设投资额及投资行业结构、年度重点建设项目投资与实施状况、城市公共设施、公共交通及园林绿化等建设状况。本节选取 2001 年九运会前后的年鉴统计数据❶进行分析比较，归纳总结广州城市基础设施在重大节事影响下的建设特征。

一、基本建设投资额及投资行业结构变化分析

从统计数字来看（表 8-6），广州市 1999 年基本建设投资额增幅为 20.66%，高于同期全省增幅水平 15.78%，其中扩建和改建投资增幅分别高达 56.8%和 60.13%，大大高于同期全省增幅；1999 年之后，除广州市扩建投资额在 2001 年有较大幅度增长外，广州市其他基本建设投资增幅大为减少。从 1999～2001 年 3 年平均增长来看，广州市的基本建设投资额增幅低于全省水平。以同一时期举办重大节事的昆明进行比较：为举办 1999 年世界园艺博览会，昆明市在 1998 年基本建设投资额增幅为 70.47%，居全省第一位，相当于全省增幅的 2 倍，两年的平均增长幅度也远高于全省水平[15]。相比之下，广州市由于九运会而加大的基础设施投资显然更为理性，虽然 1999 年的投资额明显超出常规，但其增长幅度属于合理范围，有利于城市经济的长期稳步增长。

1999～2001 年广州市和广东省基本建设投资增长比较（按建设性质分）　表 8-6

指　标	区域	基本建设投资额	新建投资	扩建投资	改建投资	其他投资
1999 年增长	全省	15.78%	14.95%	16.70%	22.48%	—
	广州	20.66%	2.20%	56.80%	60.13%	−24.73%
2000 年增长	全省	−6.35%	0.85%	−25.59%	6.22%	—
	广州	−12.63%	6.33%	−36.40%	−3.08%	−97.56%
2001 年增长	全省	6.88%	6.63%	17.56%	−14.34%	—
	广州	1.15%	−3.89%	35.33%	−32.22%	607.69%
1999～2001 年 3 年平均增长	全省	5.44%	7.48%	2.89%	4.79%	—
	广州	3.06%	1.55%	18.58%	8.28%	161.8%

资料来源：作者根据广东统计年鉴 1999～2002 年的数据整理绘制。

对基本建设投资行业结构的分析表明（表 8-7）：1999～2001 年 3 年间，广州市的基本建设投资中 36.72%用于社会服务业（包括市内公共交通业、园林绿化业、自然保护区管理业、环境卫生业、市政工程管理业、风景名胜区管理业、其他公共服务业），12.89%的基本建设投资用于交通运输、仓储和邮电通信业，这些都是与九运会密切相关的投资所在的行业。如：广州北二环高速公路建设是针对九运会而投资的重点建设项目，于 2001 年举

❶ 九运会相关配套设施的建设于 1998 年底开始，大部分工程于 2001 年 11 月九运会开幕前完工，因此以分析 1999 年、2000 年、2001 年 3 年的年鉴统计数据为主，部分分析也涉及 1998 年和 2002 年的资料。

办九运会之前竣工，累计完成投资25.45亿元（表8-8）。另外，部分与九运会密切相关的投资行业，比如：占5.29%的电力、煤气及水的生产和供应业，占4.34%的卫生、体育和社会福利业，都在九运会结束之后比例明显下降。

1999～2002年广州市基本建设投资结构比较：按国民经济行业分（单位:%） 表8-7

行业	1999年	2000年	2001年	2002年	1999年、2000年、2001年平均
社会服务业	36.86	44.96	28.35	33.58	36.72
交通运输、仓储和邮电通信业	10.32	8.47	19.88	19.43	12.89
国家机关、政党机关和社会团体	15.46	11.24	10.02	2.02	12.24
制造业	14.87	7.72	10.99	17.04	11.19
教育、文化艺术和广播电影电视业	5.17	6.59	7.48	9.52	6.41
电力、煤气及水的生产和供应业	7.51	4.67	3.69	2.82	5.29
建筑业	2.45	7.34	3.35	8.38	4.38
卫生、体育和社会福利业	3.15	4.73	5.14	3.25	4.34
其他	0.37	2.18	6.71	0.06	3.09
金融保险业	0.95	0.02	1.56	—	0.84
科学研究和综合技术服务业	0.83	0.82	0.71	0.53	0.79
批发和零售贸易餐饮业	0.61	0.25	0.88	1.61	0.58
房地产业	0.81	0.41	0.42	1.19	0.55
地质勘查业、水利管理业	0.15	0.28	0.60	0.42	0.34
农、林、牧渔业	0.44	0.30	0.16	0.14	0.30
采掘业	0.07	0.03	0.05	—	0.05

资料来源：作者根据广州统计年鉴2000～2003年的数据绘制，按1999年、2000年、2001年3年平均比重由高到低排序。

1998～2001年与九运会相关的广州市重点建设项目概况（单位：亿元） 表8-8

项目名称	开工年月	竣工年月	到2001年累计完成投资
广州新机场高速公路第一期工程	2000.04	2001.10	39.46
广州北二环高速公路建设	1998.11	2001.10	25.45
广东奥林匹克体育场	1998.12	2001.11	10.24
广州新体育馆	1999.02	2001.11	8.26
广东奥林匹克体育场附属工程	1999.12	2001.11	1.89
广东划船赛场	1999.06	2001.11	1.67
九运会信息网络工程	1999.07	2001.11	1.57
九运会激流回旋赛场	2000.09	2001.11	0.11

资料来源：广东统计年鉴，2002。

二、基本建设施工项目分析

1998～2002年广州基本建设施工项目及投资情况的分析来看（表8-9）：无论是施工项目还是投资额，1999年广州市的增长比例高于全省，其中以大中型项目数量及其投资额的增长尤为明显，到2000年则有所下降，2001

年的增长比例明显低于全省，不过由于举办九运会的需要，2001 年广州市全投的大中型项目个数增长率高达 200%，占全省的比重高达 75%。从占全省比重来看，1999～2001 年 3 年，广州市施工项目个数和投资额占全省比重均高于 2002 年，其中大中型项目的投资额广州市占全省比重以 1999 年为最高，2000 年、2001 年有所下降，到 2002 年比重出现明显下降。可见，为了举办九运会，广州市对基本建设进行了超常规的投资，并且以 1999 年为投资和建设的高潮阶段，建设项目的竣工和投入使用集中在 2001 年，而投资在 2001 年之后则迅速减少。

1998～2002 年广州市基本建设施工项目及投资情况　　表 8-9

指标	地区	施工项目	其中：大中型	全投项目	其中：大中型	投资额	其中：大中型	新增固定资产
		个	个	个	个	亿元	亿元	亿元
1998 年实际数	全省	5065	100	2272	15	1072.3	424.29	903.63
	广州	828	22	316	3	292.7	71.42	254.27
1999 年实际数	全省	5291	91	2497	9	1242.47	426.25	509.60
	广州	859	26	355	4	353.17	124.21	233.82
2000 年实际数	全省	4853	108	2508	20	1163.63	386.01	906.01
	广州	825	26	359	3	308.58	111.38	253.97
2001 年实际数	全省	4969	103	2121	12	1243.72	369.28	820.49
	广州	770	24	262	9	318.45	129.47	246.75
2002 年实际数	全省	5112	296	2018	63	1367.23	488.13	894.09
	广州	677	25	262	1	284.27	115.34	150.49
1999 年比上年增长(%)	全省	3.04	−9	9.90	−40	15.87	0.46	−43.61
	广州	3.74	18.18	12.34	33.33	20.66	73.91	−8.04
2000 年比上年增长(%)	全省	−8.28	18.68	0.44	122.22	−6.35	9.44	77.79
	广州	−3.96	0	1.13	−25	−12.63	10.33	8.62
2001 年比上年增长(%)	全省	2.39	−4.63	−15.43	−40	6.88	−4.33	−9.44
	广州	−6.67	−7.69	−27.02	200	3.20	16.24	−2.84
2002 年比上年增长(%)	全省	2.88	187.38	−4.86	425	9.93	32.18	8.97
	广州	−12.08	4.17	0	−88.89	−10.73	−10.91	−39.01
1998 年广州占全省比重(%)		16.35	22	13.91	20	27.30	16.83	28.14
1999 年广州占全省比重(%)		16.24	28.57	14.22	44.45	28.42	29.14	45.88
2000 年广州占全省比重(%)		17.00	24.07	14.31	15	26.52	28.85	28.03
2001 年广州占全省比重(%)		15.50	23.30	12.35	75	25.60	35.06	30.07
2002 年广州占全省比重(%)		13.24	8.45	12.98	1.59	20.79	23.63	16.83

资料来源：作者根据广东统计年鉴 1999～2003 年的数据整理绘制。

三、公共设施及园林绿化建设分析

1999～2002年的公共设施统计指标中，除“路灯盏数”之外，其他各项均在2000年、2001年出现最大幅度的增长，而且均高于2002年的增长比例（表8-10）。由此可知：九运会对广州市公共设施建设具有明显的带动作用。

广州市公共设施统计：1998～2002年 **表8-10**

指标	单位	1998年	1999年	2000年	2001年（十区）	2002年（十区）	1999年同比	2000年同比	2001年同比	2002年同比
道路总长度	km	1908	1963	2053	2199 (4210)	4447	2.88%	4.58%	7.11%	5.63%
道路总面积	万 m^2	2302	2556	2805	3242 (5899)	6194	11.03%	9.74%	15.58%	5.00%
桥梁数	座	619	642	685	754 (919)	934	3.72%	6.70%	10.07%	1.63%
其中，立交桥	座	67	78	100	121 (124)	124	16.4%	28.21%	21%	0
下水管道总长度	km	1680	1738	1952	2073 (3099)	3393	3.45%	12.31%	6.20%	9.49%
路灯盏数	盏	70584	80055	92279	107761 (154940)	181751	13.42%	15.27%	16.78%	17.30%

资料来源：作者根据广州统计年鉴2000年、2002年、2003年的数据绘制；表中“1999年同比”表示1999年比1998年的增减率，其余类推；表中除标注外各年数据均为原八区统计口径，2001年、2002年以十区统计口径进行比较。

1999～2002年的市区园林绿化统计指标中，除“公园个数”外，各项的最高增长率均出现在1999年、2000年和2001年。其中，“园林绿地面积”在2000年有明显大幅度增加，其增长率高达37.96%（表8-11）。

广州市城市园林绿化统计：1998～2002年 **表8-11**

指标	单位	1998年	1999年	2000年	2001年（十区）	2002年（十区）	1999年同比	2000年同比	2001年同比	2002年同比
园林绿地面积	hm^2	32340	32961	45473	46029 (99144)	103678	1.92%	37.96%	1.22%	4.57%
建成区绿化覆盖率	%	28.08	29.34	31.60	34.37 (31.44)	32.64	4.49%	7.70%	8.77%	3.82%
公园个数	个	62	68	72	79 (125)	144	9.68%	5.88%	9.72%	15.2%
公园面积	hm^2	1727	1824	1883	1893 (2979)	2883	5.62%	3.23%	0.53%	3.07%

资料来源：作者根据广州统计年鉴2000年、2002年的数据绘制；表中“1999年同比”表示1999年比1998年的增减率，其余类推；表中除标注外各年数据均为原八区统计口径，2001年、2002年以十区统计口径进行比较。

四、公共交通设施建设分析

广州城市基础设施建设在九运会建设中占有较大比重，尤其是交通设施的建设力度加大，不仅改善了城市整体交通状况，还为九运会交通组织提供了良好的基础。1999～2000 年，内环路及东西南环高速公路建成通车，随后又相继建成黄埔大道放射线、增槎路放射线、东晓路放射线、广园东快速路等，使城市交通状况有了较大改善，中心区机动车平均行程车速由 1997 年的 15km/h，提高到 2000 年底的 20～30km/h。同时地铁一号线也于 1999 年 6 月正式投入运营，平日客流为 17 万人次，高峰日达 30 余万人次，分解了很大一部分地面交通压力。到 2001 年九运会开幕之前，广州已经完成了广园东路二期、新机场高速公路、广汕路、广花路等一批重点交通工程的建设和改造，广州中心城区以内环路、外环路加 7 条放射线为主骨架的城市交通路网已经基本形成[16]。另外，2000 年广州市的公共交通状况较之 1999 年也有较大幅度的改善（表 8-12）。

广州市城市（市区）公共交通统计：1998～2000 年❶　　表 8-12

指　标	单位	1998 年	1999 年	2000 年	1999 年同比	2000 年同比
年末营运线路	条	259	260	266	0.39%	2.31%
年末营运线路总长度	km	3941	4090	4126	3.78%	0.88%
年末营运公共汽车	辆	4422	4583	4773	3.64%	4.16%
客运量	万人次	112164	123797	142822	10.37%	15.37%
客运周转量	万人千米	684184	778301	911190	13.76%	17.07%

资料来源：作者根据广州统计年鉴 1999～2001 年的数据绘制；表中“1999 年同比”表示 1999 年比 1998 年的增减率，其余类推；表中外各年数据均为原八区统计口径。

从以上的分析可以看出，广州筹备九运会期间进行的基础设施建设投资超常规，不过与其他城市相比，其增长幅度仍属理性。基础设施的升级体现了一定的前瞻性，为九运会之后的黄村地区甚至整个城市的进一步发展提供了重要基础。

8.3　三层级特征

8.3.1　交通导向的城市联动发展

广州举办的不同类型节事中，广交会对周边城市的联动发展影响最甚。从 20 世纪 50 年代开始举办至今，广交会规模和影响力日益扩大，以“两馆两期同时办展”的第 100 届广交会为例，其展位总数已经达到 31408 个，比上届增加 1350 个，净展览面积 28.2 万 m^2，比上届多出 1.2 万 m^2；参展企业也从上届的 13686 家增至 14001 家[17]。规模急剧扩大的同时，对广州周边城市的辐射范围也在逐渐扩大，促使以广州为中心，南接深圳、香港，东接东莞、顺德、珠海、中山等会展城市的珠三角会展经济带逐步形成。广交会贸易促进会副会长白明韶曾指出，广交会对周边的地区，包括泛珠三角地

❶ 因 2001 年与 2002 年均以十区口径统计，无原八区口径数据，因此未入此表。

区的广西、湖南、江西、福建，都产生了极大影响[18]。

广交会带来的广州与周边城市的联动发展体现在多方面，包括：转接人流物流、辅助服务设施、旅游业等等。客源向周边城市扩散，对周边城市的相关服务设施建设具有较大的促进作用，如“广州 1 小时交通圈”内的佛山、东莞等城市的酒店订房增长率很大，服务业发展迅速。另外，广交会期间和后续的旅游效应也进一步加强。2006 年的有关数据显示，广州的旅行社接待的广交会客商在广州停留的时间均有所增长，不少南非、中东客商停留的时间均长达六七天，这些广交会客商在会后游览的地域不仅局限在广州市区，还延续到珠三角的其他城市[19]。以广交会促进城市联动发展的关键支撑在于广州区域基础设施的不断升级，尤其是交通设施。

亚运会、全运会等大型体育赛事一般具有多个比赛项目，由于项目特点和广州城市规模所造成的接待比赛能力的限制，比赛场馆需要设在珠三角都市圈内有条件的城市，为这些地区相关产业的发展提供了机遇，并能够有效促进珠三角都市圈内城市联动发展格局的形成。为举办六运会，广州周边城市进行了大量的体育设施建设，广东省共设 9 个赛区：广州、深圳、佛山、江门、台山、韶关、东莞、肇庆、海口，共建 39 个体育馆。2010 年亚运会计划使用的 82 个场馆和配套设施地跨广州、佛山（水球、拳击）、东莞（男篮）、汕尾（沙滩排球、帆船）四市，以及广州的 10 个区和 2 个县级市。亚运会的大规模建设中，除部分体育场馆设施选址周边城市进行建设之外，广州还将积极建构区域交通体系，以交通为导向实现珠三角地区的城市联动发展。2010 年亚运会之前，将完成广州白云国际机场二期工程，并逐步发展为亚太枢纽航空港之一；建设中的广州客运枢纽站第三客运站（新客运站）将作为广州地区的主要客运枢纽站，同时扩建广州东客运站，加强广州北站客运设施建设，逐步发展成为“三主一辅”的模式；以广州为中心的珠江三角洲高速公路网络将得到进一步完善，将形成“三环、十二射、四横四纵”❶ 的格局；此外，广州一批重大交通设施正在计划和开始建设之中，包括东新高速公路、南大快速干线、广明高速公路以及广州轨道交通 2 号线、7 号线、12 号线等。通过亚运会的基础设施建设，广州的交通枢纽地位将得到进一步的巩固，高效、完备的交通运输网将为周边地区的联动发展提供基本支持[20]（图 8-20）。

8.3.2　城市空间结构形态呈跨跃式发展

广州城市空间结构形态的形成，与广交会、六运会和九运会等重大节事

---

❶ 三环：广州环城高速、珠二环高速、珠三环高速公路；十二条放射线：广清高速、京珠高速、机场高速、广河高速、广惠高速、广深高速、广深沿江高速、广珠东线高速、广珠西线高速、广佛高速、广肇高速、广三高速公路；四横：阳肇—清河高速、常虎—惠普高速、江中—机荷高速、西部沿海高速公路；四纵：新台高速、街荔高速、翁源—深圳高速、惠河高速公路。

的选址、建设有着直接关系（图 8-21、图 8-22）。数次选址以新城建设、促进城市拓展空间架构为主，并经历了从城市核心区到城市边缘再到城市近郊的选址阶段，显示出与城市发展阶段的一致性。

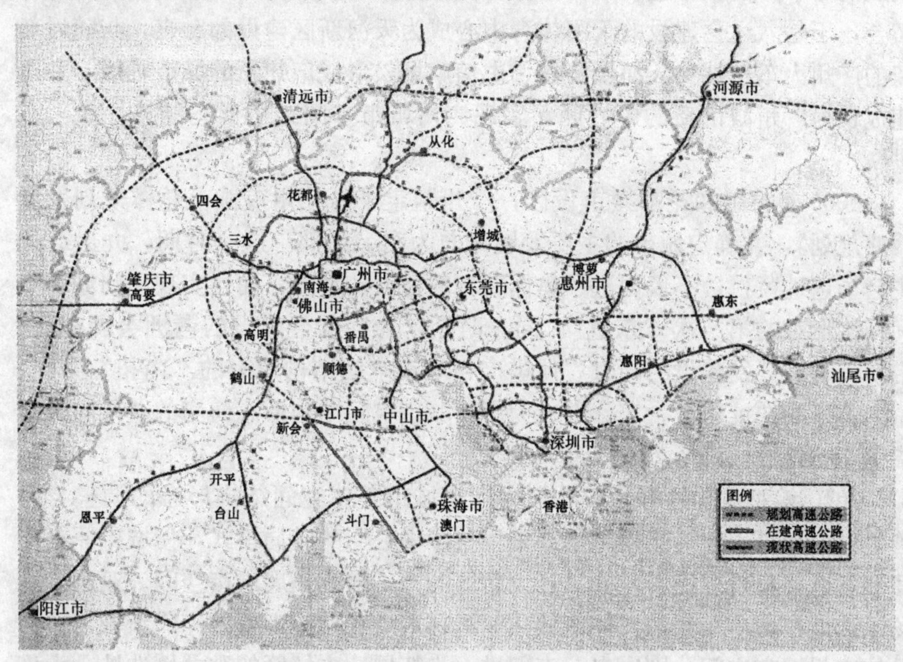

图 8-20　珠江三角洲高速公路建设规划

资料来源：面向 2010 年亚运会的广州城市发展（2005 广州城市设计论坛主报告）

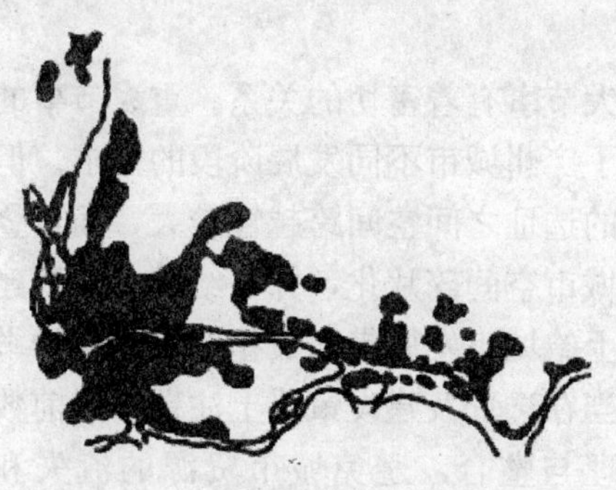

图 8-21　20 世纪 80 年代广州形态演变

资料来源：周霞．广州城市形态演进 [M]．北京：中国建筑工业出版社，2005：160.

图 8-22　20 世纪 90 年代广州形态演变

资料来源：周霞．广州城市形态演进 [M]．北京：中国建筑工业出版社，2005：160.

建国初期，广州城市空间结构形态发展相对缓慢，以建设旧城核心区为主要特征，广交会的几次选址建设促使海珠广场、流花湖地区的发展以及形态特征的形成。20 世纪 70 年代流花湖地区大规模的城市开发建设，使流花地区迅速发展成为广州市的对外交通枢纽及对外贸易中心，并形成广州旧城核心区的形态格局。

进入20世纪80年代，广州城市开始迅速发展，人口规模的扩大和经济发展的需求，使城市空间亟待拓展，城市东部新区与六运会主赛场的选址相契合，于是六运会建设的天河体育中心成为天河新区建设的触媒，与随后新建的广州火车东站、天河城广场、中信广场，形成广州新的城市轴线，并迅速成长为广州城市新的中心区，实现广州城市空间结构形态的第一次“东进”。

2000年番禺和花都撤市设区，广州制定了《广州市城市总体规划发展战略规划》，并确定城市的主要发展方向为东、南部。这一时期，九运会的主会场选址黄村，不仅促进了奥体新城的建设和发展，而且实现广州城市空间结构形态的第二次“东进”。同一时期，为广交会建设的琶洲会展中心，带动琶洲岛开发建设的同时，促进广州城市空间结构形态的“南拓”。两次重大节事的选址建设，实际上成为广州城市空间结构形态演变的“风向标”，指引新一轮的城市形态发展。

2010年亚运会的申办成功，为广州城市整体空间结构形态的调整与完善提供了契机。亚运会设施规划采用“多中心”的布局模式，使城市原有空间形态进一步得以完善，并以建设新区的方式继续拓展城市空间。亚运会主场区选址在城市东部的奥体新城，亚运村选址在城市南郊的广州新城，目的是使广州城市空间分别向东、南部进一步拓展。主场区的重叠性选址，为该地区在九运会之后的再开发和资源整合提供了难得的机遇。亚运村的选址则给城市发展带来巨大的挑战，是否能够担当城郊的新城建设，还要依靠理性科学的决策。

可见，广州城市空间结构演变与重大节事有着密切的关系。重大节事的选址以实现城市空间拓展为前提，体现了广州城市不同发展阶段的需求。但是，值得关注的是，广州数次重大节事的选址之间空间跨越性较大，而重叠性和延续性则相对较弱，这样容易造成城市空间碎片化，并且给重大节事建设带来过大的压力与期望，从某种程度上给城市发展带来负担。亚运会的举办为广州整合节事资源提供了良机，应当在选址及建设策略上注重对以前数次选址形成的城市空间进行适当地梳理与整合，避免城市资源的流失和浪费。

8.3.3 节事对区段形态演变的启动效应明显

广州多次举办的重大节事，对区段形态演变具有明显的启动效应和决定性的作用。本节以六运会为例，具体分析其区段形态的演变过程，并总结其中的经验和教训。

一、区段形态的演变过程

天河体育中心区段形态的演变，与1987年的六运会、2001年的九运会有着密切联系，可大致分为以下几个阶段：核心区建设期（1984～1990年）、快速发展期（1991～2000年）、发展后期（2001年后）。

核心区建设期是天河体育中心内主要场馆的建设阶段，六运举办之前完成三大场馆的建设，之后又逐步进行了其他设施的建设（表8-13）。这一时期的建设主要集中在天河体育中心内部，城市市政设施的接驳为后续的发展奠定了基础。

天河体育中心区段核心区建设期项目（1984～1990年）　　表8-13

项目名称	建成时间	总建筑面积(万 m^2)	设施内容
天河体育场	1987年	6.5	观众席60151座，配套设施包括田径副场和风雨跑道，两个足球训练场
天河体育馆	1987年	2.2	观众席8628座，配套设施包括球类、体操、技巧训练馆
天河游泳馆	1987年	2.1	观众席3300座
天河网球场	1989年	占地0.5	12个网球场
天河旱溜冰场	1990年	0.26	外圈按国际速滑比赛标准设置的150m竞速，内圈是可举行国际比赛的正规旱冰球场
天河棒球场	1990年	0.23	一个正式比赛场地，并建有综合楼

资料来源：作者根据《广州天河体育中心》、《体育场的多功能综合使用研究》、《广州市志》等资料绘制。

20世纪90年代天河体育中心区段进入快速发展期，广州购书中心、天河城的建设为区段提供了重要的公共服务设施，并迅速成为城市级的商业、休闲中心；市长大厦、国际贸易中心以及中信广场的建设强化了区段的商务办公中心地位，并成为城市的地标区段；此外，这一时期大量住宅小区的建设，促使老城区的人口疏散，为区段的快速发展提供足够的人口规模（表8-14）。

天河体育中心区段快速发展期重要项目（1991～2000年）　　表8-14

项目名称	建成时间	总建筑面积(万 m^2)	位置	性质
广州购书中心	1994年11月	2.3	天河路	公共服务
天河名雅苑	1994年	12.88	体育东路	住宅小区
天河城	1996年1月	17.4(一期)	天河路	大型购物中心
广州市长大厦	1996年	2.3	天河北路	酒店、商厦
广州东站重建	1996年	2.3(占地)	林和中路	交通枢纽中心
中信广场	1997年4月	32	天河北路	办公、公寓
广州国际贸易中心	1998年	6.8	天河北路	酒店、商厦

资料来源：作者根据广州设计院网站、广州图书馆网站、广州建设年鉴等资料绘制。

这一阶段，体育中心本身经历了艰难的经营时期。由于天河体育中心开发配套设施落后，早期场馆建设缺乏多元化经营的考虑，使90年代的体育中心经营陷入困境。为了维持日常运作，天河体育中心各事业单位引入大量非体育性质的商业项目，导致公共体育设施被大量侵占。1999 年，体育中心取消了非体育本体的违法建设项目，同时增加全民健身设施和场所，体育中心形象得到改善，经营状况也出现好转。这一阶段，体育中心主要增建的项目包括：大世界保龄球馆、健身小区、卡丁车馆、儿童健身园等室内外运动场所，体育中心内部的公共服务设施得到进一步完善。

2001 年，天河体育中心作为广州举办九运会的主要赛场之一，得到政府经济方面的支持投入，对原有比赛场馆进行了改造更新，并建设了新的比赛场馆，如天河网球馆、天河体育东足球场、天河篮球俱乐部等。另一方面，体育中心提高场地的使用率，使闲置场地开发成全民健身区，体育场馆闲置用房改用作其他体育产业功能。这一阶段，体育中心的设施规划和建设基本得到完善，并在后续利用方面进行了更多的努力和尝试。

天河体育中心区段的规划格局在这一时期也得到了逐步的发展和完善。作为广州大型城市广场的东站广场在 2002 年建成，为该区段提供了必要的公共空间和绿化场所，虽然尺度和空间设计等方面过于追求政绩工程的宏大效果，因而从某种程度上忽视了市民的体验和感受，但作为新城市中心区中轴线的一部分，它的确起到了完善该区空间格局的重要作用。另一方面，正佳广场、维多利亚广场等大型购物商城的建设，强化并巩固了该区段的城市商业中心地位；财富广场、天河城主楼等高层办公楼的建设，进一步扩大该区段作为商务办公核心区的规模（表 8-15）。

天河体育中心区段发展后期部分项目（2001 年以后）　　表 8-15

项目名称	建成时间	总建筑面积(万 m^2)	位置	性质
广州东站广场	2002 年	10(占地)	林和东、林河西	城市广场
都市华庭	2002 年	12.86	天河北路	商住
财富广场	2003 年	8	体育东路	办公、商务
维多利亚广场	2003 年(一期)	14	体育西路	办公、商务
正佳广场	2005 年	42	天河路	酒店、写字楼、购物中心
粤海天河城大厦	2006 年	10.3	天河路	办公、商务

资料来源：作者根据网站资料整理绘制。

二、区段形态的特征总结

从天河体育中心区段形态的演变过程中，可以清晰地看到三个阶段所体现的不同特征。核心区建设期（1984～1990 年），利用举办六运会的契机，以天河体育中心自身的建设为主要特征，区段的形态演变尚未开始。快速发展期（1991～2000 年），天河体育中心自身的发展与周边地块的开发几乎同步进行，由于经营的需求，体育中心的发展主要以建设公共服务设施为主，而周边地块则优先独立开发大型商业、娱乐、办公、居住等项目，快速建构区段的格局形态，同时，东站广场的建设明确了区段的中心轴线和公共空间格局。发展后期（2001年后），利用举办九运会的契机，对体育中心的体育设施进行实质性改造和新建，完善核心区的内部形态，并通过周边地块后续大型项目的建设进一步清晰和强化区段的布局，使其形态逐步完整。

从天河体育中心区段的形态演变过程和特征，我们可以总结以下几点结论：首先，核心区的建设，即重大节事相关设施的建设需要长期地逐步完善，虽然主要设施需要在重大节事举办之前完成，但其他设施的建设以及主要设施的再利用需要在更长的时期内逐步完善，因此，重大节事相关设施应在规划阶段制定合理的建设时序，并且应当体现一定的规划弹性和灵活性；其次，周边地块的开发应以城市基础设施的建设为先导，以大型公共服务设施和居住项目快速建构区段格局，可充分利用核心区的“边界效应”，优先开发紧邻核心区的内圈层地块，同时以跳跃式开发核心区的外圈层地块，使区段始终得以平衡地发展；第三，多次举办类似的重大节事，对该区段的格局完善有着重要的意义，不仅能为区段发展不断补充动力，也使城市积累的经验在区段的演变发展过程中得以应用，同时区段的形态特征不断地得以强化和完善。

纵观广州城市所举办过的重大节事，都能够有效地促进广州经济和社会的发展，而对广州城市建设的促进作用尤为明显。虽然在城市发展过程中也存在一定的问题，但总的来看，重大节事与广州城市发展的结合是成功典范。2000年之后的广州城市发展，对重大节事与城市空间拓展给予了更多的关注，使重大节事的影响力在城市新区建设的过程中发挥更重要的作用。不过，在新一轮的广州城市发展中，应当关注城市各个建设重点区段之间的平衡性，对土地利用模式、基础设施建设、公共空间等方面的规划应从城市整体发展角度进行权衡，避免对重大节事期望过高而导致不切实际的建设策略。另外，应特别关注多次举办节事留下的城市资源的整合和再利用，避免不加控制地利用节事建设新区而导致城市迅速蔓延。

本章小结

本章以“两维度、三要素、三层级”的理论研究框架，以广州城市作为具体案例进行特征比对，从重大节事与广州城市形态演变的关联性出发，对广州城市形态演变特征进行分析和归纳，并解释其产生的原因及存在的问题。

时间维度：重大节事前期阶段广州城市举办重大节事之前的集中建设特征明显，体现为大量的场馆设施建设和城市基础设施建设，大约持续3～5年。后续发展则普遍经历了漫长的调整周期，反映出前期集中建设对后续利用的考虑不足，不过核心区对周边地块的辐射效应明显，对城市建设显现出触媒作用。究其原因有二，一方面：前期建设的规划和发展策略对后续发展估计不足，造成规划滞后于城市发展；另一方面：重大节事的举办时间间隔过长，使设施的维护与再利用陷入窘境。

空间维度：从广州城市举办的重大节事与相应发展的区段来看，显示出新城建设为主、旧城更新为辅的特征。利用重大节事进行新城建设的过程中，体现出不同的建设经验和问题。总体来说有以下两方面：(1) 新城的定位应当有利于新区发展为功能复合的城市社区，利用重大节事带来的稀缺资源，与城市中心形成优势互补，为新区长远发展提供动力；(2) 重大节事的设施建设应当为该区的综合发展提供良好的基础，尤其是具有一定前瞻性的交通设施建设和公共服务设施建设。

节事设施的空间布局：(1) 广州重大节事的设施空间布局模式包括“单中心”集群式和“多中心”集群式两种模式，并呈现“单中心”向“多中心”转变的趋势。这种转变一方面来自于节事规模的日益扩大和节事等级的提升，其设施建设的规模和要求带来转变模式的可能；另一方面，向“多中心”模式的转变体现了城市空间结构形态扩展和整合的需求。(2) 广州节事设施的功能转换存在差异，会展场馆的后续利用率高于体育场馆，选址旧城或新城中心的设施后续率用率高于选址城市边缘及郊区的设施。这与设施所在的区位、周边地块开发状况、设施自身的功能性和灵活性等因素相关，其中区位是决定性的因素。(3) 重大节事建设为广州城市提供了新的公共空间类型，但空间的尺度和形态强调其功能性的作用，忽视了赛后空间使用的灵活性和多样性，使其与周边空间的公共纽带效应不足。

城市土地利用：重大节事引发的广州城市土地利用模式变化，主要体现在以下两方面：(1) 由于重大节事相关设施的建设，导致土地利用结构发生变化，农业用地与非农业用地比例呈迅速递减趋势；(2) 重大节事地段“边界效应”明显，能够直接带动周边土地进行关联性的开发，关联方式的差异反映出大型博览会展馆和大型体育节事场馆不同的效应特征；(3) 重大节事建设促使周边土地超常增值，其中既包括投资性增值，也包括用途性增值，其中以投资性增值更为明显。

城市基础设施：以九运会为例，通过基本建设投资额及投资行业结构变化分析、基本建设施工项目分析、公共设施及园林绿化建设分析、公共交通设施建设分析，发现广州城市由于重大节事而超常的基础设施投资仍较理性，其增长幅度属于合理范围，有利于城市经济的长期稳步增长。

区域层级：广交会在转接人流物流、辅助服务设施、旅游业等方面促进广州与周边城市的联动发展，全运会和亚运会则主要通过分赛区的设置实现联动发展。重大节事促进城市联动发展的关键支撑在于：以广州为中心的珠三角地区基础设施的不断升级，尤其是区域交通体系的完善。

城市层级：数次节事的选址以新城建设、促进城市拓展空间架构为主，并经历了从城市核心区到城市边缘再到城市近郊的选址阶段，城市空间结构形态呈跳跃式发展。数次选址之间空间跨越性较大，而重叠性和延续性则相对较弱，这样容易造成城市空间碎片化，并且给重大节事建设带来过大的压力与期望，从某种程度上给城市发展带来负担。

区段层级：节事对区段形态演变的启动效应明显。以天河体育中心区段形态的演变为例，分析核心区建设期、快速发展期、发展后期三个阶段的特征。其结论有以下几点：节事区段建设需要长期地逐步完善，应在规划阶段制定合理的建设时序，并体现一定的规划弹性和灵活性；周边地块的开发应以城市基础设施的建设为先导，利用大型公共服务设施和居住项目快速建构区段格局；多次举办类似的重大节事，对该区段的格局完善有着重要的意义，使区段的形态特征不断地得以强化和完善。

参考文献

[1] 广州市地方志编纂委员会编. 广州年鉴 [M]. 广州：广州文化出版社，1987：34-35.

[2] 广州市地方志编纂委员会编. 广州市志·卷十五：体育志·卫生志 [M]. 广州：广州出版社，1997：155.

[3] 广州市地方志编纂委员会编. 广州市志·卷三：城建综述 [M]. 广州：广州出版社，1995：18.

[4] 唐东方，张建武. 九运会对广州经济的影响 [J]. 广东科技，2001，8：36.

[5] 中心设施介绍 [EB/OL]. 天河体育中心网站. http://www.thc.com.cn/.

[6] 王璐，汪奋强. 重大节事与城市的可持续发展 [J]. 华中建筑，2006，9：102-104.

[7] 徐晓梅. 国务院批复广州市城市总体规划 [A]. 广州城市规划发展回顾编撰委员会编. 广州城市规划发展回顾（1949～2005）上卷 [C]，2005：126-132.

[8] 地铁公司启动应急预案 [N]. 羊城晚报，2006 年 10 月 17 日（A5 版）.

[9] 同 [2].

[10] 面向 2010 年亚运会的广州城市发展 [R]. 2005 广州城市设计论坛主题报告，2005.

[11] 彭姣凤，陈章和，陈雷等. 天河区土地利用状况及持续利用对策 [J]. 生态科学，2000（3）：76.

[12] 周诚. 论土地增值及其政策取向 [J]. 经济研究，1994，11：50-57.

[13] 同 [12].

[14] 穗琶洲地价 3 年翻 4 倍 [DB/OL]. http://news.sy.soufun.com/，2007 年 10 月 31 日.

[15] 戴光全. 重大事件对城市发展及城市旅游的影响 [M]. 北京：中国旅游出版社，

2005：83.
[16] 广州市统计局编. 广州统计年鉴 2002 [M]. 北京：中国统计出版社，2002：203.
[17] 50万中外客商共赴百届盛会 [N]. 羊城晚报，2006年10月14日（A4版）.
[18] 会展业何时成为广州的一张耀眼“名片” [N]. 羊城晚报，2006年10月28日（A10版）.
[19] 广交会引外语导游荒，入境旅游迎来黄金月 [N]. 羊城晚报，2006年10月16日（C1版）.
[20] 同 [10]

第 9 章　研究结论及展望

9.1　理论研究的主要结论

9.1.1　重大节事对城市发展及形态演变的影响力

一、重大节事是城市形态演变的驱动力之一

重大节事具有“重大性”、“特殊性”、“短期性”等属性，对城市发展的影响体现为多种效应，包括“溢出效应”、“乘数效应”、“边界效应”、“虹吸效应”等，对城市建设和城市形态的影响力也在日益增强。造成城市空间形态变化的动力机制实质上是“政策力”、“经济力”和“社会力”三者的共同作用，重大节事能够同时带来这三方面的强大作用力，因此成为城市形态演变的驱动力之一。其中，重大节事带来的城市社会经济发展是最主要的动力因素，而重大节事拥有的政策指引是最重要的保障。

重大节事在城市发展和城市形态演变过程中，具有重要的触媒作用。作为城市战略的工具之一，对重大节事的评估和定位应当客观，不宜过分夸大其对城市发展的影响。在充分利用重大节事对城市发展的促进作用的同时，尽量避免或减少其负面影响。

二、“以节事举办为主导”与“以城市发展为主导”

重大节事在城市建设中四个发展阶段的特征分别为：单体建筑——建筑群——多元化的规划模式的出现和发展——对城市建设和城市形态产生深远的影响，与之相对应的是“以节事举办为主导”的建设模式和“以城市发展为主导”的建设模式，两种建设模式的转变显示出节事和城市两者的关系发展历程，以及在不断转变中趋于平衡的特点。

9.1.2　重大节事与城市形态演变的理论框架

重大节事的举办是短暂的，但对于城市的长远发展来说，其影响的方面广泛、影响的程度大。研究重大节事对城市形态的影响，不仅应当关注经济、社会、文化等非物质形态，还应当对物质形态给予足够重视，从而引导城市建设与重大节事的良性互动。因此，本论文以城市的可持续发展为核心，针对节事与城市的关联性、影响方面、影响范围三个研究角度，建立重大节事影响下的城市形态研究的理论框架，即：两维度、三要素、三层级（图 9-1）。

一、重大节事影响下的城市形态两维度特征

重大节事影响下的城市形态演变存在两个维度：时间维度和空间维度。两个维度交叉形成四种维度状态，分别对应节事与城市的四种关联（图 9-2）。

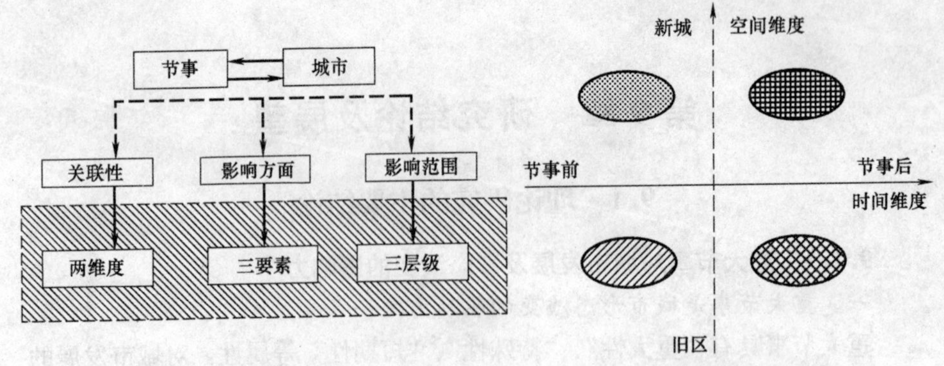

图 9-1　节事与城市形态的研究理论框架
资料来源：作者自绘

图 9-2　节事与城市的四种关联
资料来源：作者自绘

1. 时间维度的特征

(1) 重大节事前的集中建设期一般为 4～8 年，对城市形态的影响以显性为主要特征，体现为大量的场馆设施建设和城市基础设施建设；(2) 重大节事前期建设时间不足或举办过于频繁，将对建设质量、投资合理性产生负面影响；但过长的举办时间间隔，又会给场馆改造和再利用带来负担，使重复举办的意义相对减弱；(3) 城市的后续发展主要与两方面相关：设施的后续利用和周边地块的后续开发，对城市形态的影响具有显性和隐形双重特征。

2. 空间维度的特征

(1) 重大节事因为具有"特殊性"，政府的政策支持能够使其成为新城建设和旧区更新的触媒，并分别促使城市形态的扩张与内敛；(2) 重大节事带动新城建设，不仅使城市空间得到拓展，还要使城市职能适当转移，才能真正实现城市结构的良性发展；(3) 重大节事对旧区更新的意义在于梳理和调整，有助于将人口和经济活动引向内城促进衰落地区复兴，抑制郊区化和城市蔓延。

二、重大节事影响下的城市形态三要素特征

重大节事影响下的城市形态演变与三个要素有关：节事设施的空间布局、城市土地利用、城市基础设施。其中节事设施的空间布局为主导要素，由此产生不同的城市土地利用模式和城市基础设施建设模式。三个要素与节事和城市的关联程度不同，呈现"与节事关联为主"或"与城市关联为主"的关系（图 9-3）。

1. 节事设施的空间布局特征

(1) 布局模式可分为三类：分散式、"单中心"集群式、"多中心"集群式；(2) 场馆设施由于功能特殊，节事后的功能转换受到局限较大，配套设施则相对灵活，容易实现节事后的功能转换；(3) 重大节事能为城市创造新的公共空间，能够为城市寻求新的秩序，调整城市环境发展过程中的不平衡，具有整合周边公共空间体系的作用；（4）重大节事为城市留下的公共空间是具有城市记忆的场所，并因此而区别于城市中的其他公共空间。

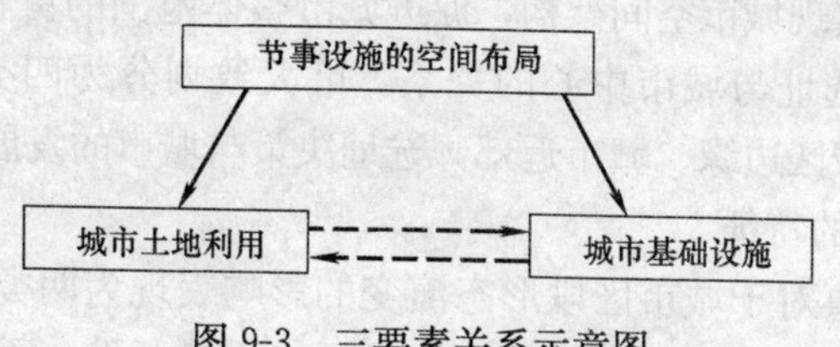

图 9-3 三要素关系示意图

资料来源：作者自绘

2. 城市土地利用的特征

（1）由于重大节事的影响，土地价格会呈现超常增值的特征，适当的超常增值可以刺激城市建设快速发展，但超出理性范围则会产生经济泡沫，给城市发展带来负面影响；（2）在城市规划相对滞后的情况下，超常增值引发的大规模城市建设将会失去控制，造成城市空间形态的非良性发展；（3）进行重大节事建设的土地具有“边界效应”特征，具体表现为以核心功能为中心的圈层结构，并由内至外效应由强转弱。

3. 城市基础设施的特征

（1）重大节事建设中城市基础设施必不可少而且比例有持续增长的趋势，集中大量的建设使城市整体设施水平得以短期内迅速升级；（2）城市基础设施具有效应滞后性，对城市发展起到的促进作用需要在节事后相当长一段时间内方能逐步显现；（3）城市基础设施的建设，尤其是交通设施建设，对重大节事为契机的城市重构、城市空间拓展具有关键作用。

三、重大节事影响下的城市形态三层级特征

重大节事影响下的城市形态演变分为三个层次：区域、城市、区段。三个层次分别对应的节事的影响力范围由大至小递减，而影响力显性程度由弱至强呈递增（图 9-4）。

1. 区域层级的特征

（1）重大节事规模的日益扩大，使重大节事的举办趋向依托周边城市和临近的新城，重大节事的影响辐射范围扩展至以举办城市为中心的城市群，并促进城市群的进一步发展；（2）跨境城市联合这一特殊的举办形式带来更大范围的区域结构形态演变，同时也带来组织、交通、客源分流等负面影响。

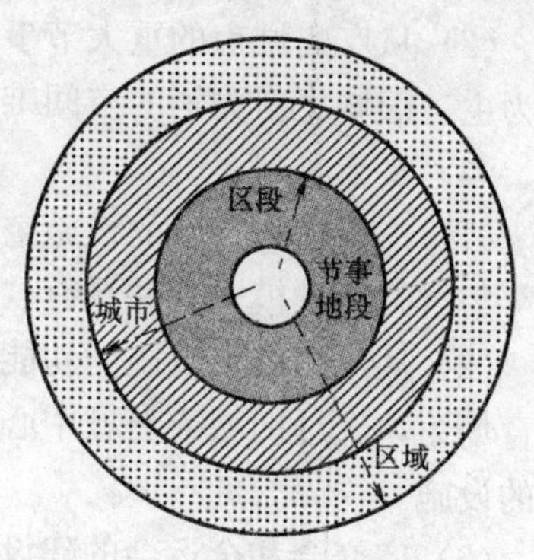

图 9-4 三层级关系示意图

资料来源：作者自绘

2. 城市层级的特征

(1) 重大节事选址对城市结构形态的影响：重叠性选址，对城市某一区域的空间演变将产生引导与反复强化的作用；延续性选址，能够以重大节事为契机分阶段地实现城市空间架构，促进城市整体范围的更新与再开发；(2)根据重大节事的选址与城市中心的关系，可大致划分为四类：城市核心区、城市中心边缘、城区边缘、城市近郊，选址决策与城市的发展阶段直接相关。

3. 区段层级的特征

(1) 重大节事对于城市区段形态演变的影响表现为两类效应：重大节事对区段开发具有启动效应，直接带动区段周边土地开发；重大节事对区段开发具有催化效应，对开发计划的实施起到促进作用，但不具有决定性作用；(2) 两者相比，前者重大节事的作用和影响力是显性的，具有决定性的作用；后者重大节事对区段的影响作用较为隐性，区段的再开发计划并不因为节事是否举办而发生改变，节事的作用体现为对区段整体发展的促进。

9.1.3 重大节事影响下的广州城市形态演变特点

我国城市举办重大节事的历史相对较短，举办过重大节事的城市也非常有限。对于不同的城市而言，城市的规模、发展阶段、发展条件不同，重大节事级别和设施建设需求的不同，最终两者互相产生的关联和影响存在根本性的差别。从我国城市的举办和经验来看，广州作为多次举办过节事的城市，其节事建设与城市发展结合紧密，其发展历程具有典型性。对于广州城市发展而言，广交会、全运会和亚运会都具有重大节事的属性。本书以"两维度、三要素、三层级"的理论框架为基础，对广州城市进行实证案例分析，结论概括如下：

一、维度特征

(1) 前期阶段重大节事对广州城市形态的影响以显性为主，体现为大量的场馆设施建设和城市基础设施建设；节事之后的地段和周边地块的后续发展普遍经历了漫长的调整周期。

(2) 从广州城市的重大节事选址与相应发展的区段来看，显示出新城建设为主、旧城更新为辅的空间维度特征。

二、要素特征

(1) 广州重大节事的设施空间布局模式包括"单中心"集群式和"多中心"集群式两种模式，并具有"单中心"向"多中心"转变的趋势。

(2) 从广州节事设施的功能转换分析来看，会展场馆的后续利用率高于体育场馆，选址旧城或新城中心的设施后续利率用率高于选址城市边缘及郊区的设施。

(3) 广交会和全运会的建设为广州城市提供了新尺度的公共空间，但由于空间的可及性和多样性不足，难以起到整合公共空间体系的作用。

(4) 节事地段"边界效应"明显，能够直接带动周边土地进行关联性的开发，不过关联性的具体表现存在差异。

（5）重大节事引发土地利用结构的改变，节事前后农业用地与非农业用地比例呈迅速递减趋势；

（6）重大节事引发土地超常增值，既包括投资性增值，也包括用途性增值，其中以投资性增值更为明显。

（7）重大节事引发的广州城市基础设施建设超常规发展，但仍属理性范围。

三、层级特征

（1）以重大节事促进广州周边城市联动发展，其关键支撑在于区域基础设施的不断升级，尤其是交通设施。

（2）数次选址以新城建设、促进城市拓展空间架构为主，并经历了从城市核心区到城市边缘再到城市近郊的选址阶段，城市空间结构形态呈跨跃式发展。

（3）节事建设对区段形态演变具有明显的启动效应。

9.2 应用研究的主要结论

9.2.1 倡导“为了城市的节事建设”的基本思路

一、以节事的触媒作用促进城市建设

重大节事的特有属性对城市发展产生多重效应的影响，对城市建设起到重要的触媒作用，并成为城市形态演变的驱动力之一。重大节事作为城市触媒，其引发的连锁反应和良性触媒作用，对城市发展具有重要意义，能够促进城市结构和形态的改善，可以迅速提升城市的价值并将其扩大。当然，作为城市战略的工具之一，对重大节事的评估和定位应当客观，不宜过分夸大其对城市发展的影响。在充分利用重大节事对城市发展的促进作用的同时，应尽量避免或减少其负面影响。

重大节事与城市建设的关系发展历程中，经历了“以节事举办为主导”向“以城市发展为主导”的模式转变，两种模式分别代表着节事建设的两种基本思路，即“为了节事的城市建设”和“为了城市的节事建设”。倡导“为了城市的节事建设”的基本思路，是基于对节事与城市发展两者关系更为理性的思考，长期的、整体的城市发展应当是主体，短期的、片断的节事建设只是触媒。节事的触媒作用能够促进城市建设，但城市的发展不应为节事是否举办而左右，客观看待两者的关系有利于清晰基本的建设思路。

二、“反向功能转换”的建设思路

重大节事相关的大量设施建设，不仅要满足节事的举办需求，更应当在节事后转换为城市公共设施，为城市更长远的发展服务。然而，节事设施功能的特殊性往往给节事后的功能转换带来困难，给城市留下沉重的经济负担。

为了实现节事设施合理的功能转换，应当适当调整建设思路：以节事后的城市需求作为建设的标准，对节事设施的选址、建设规模、布局方式等进行统一的策略制定和建设；在节事的举办期间，对这些设施进行短期的“反向功能转换”，满足节事的要求。由于功能转换只是暂时的，将有效减少节事后的设施利用率低、规模过大等问题（图 9-5）。

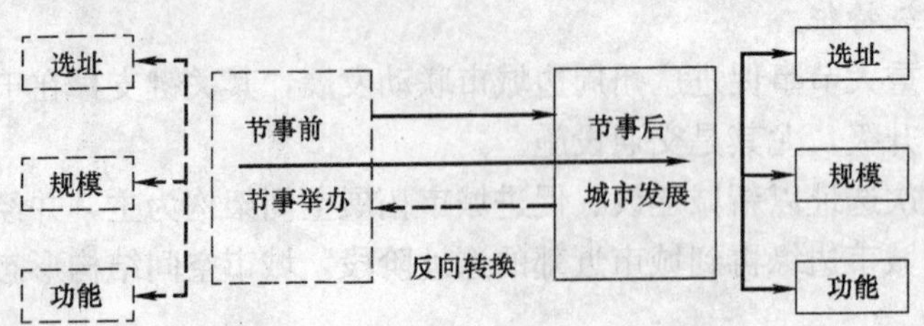

图 9-5 “反向功能转换”示意图

资料来源：作者自绘

“反向功能转换”的建设思路与时间维度特性和节事设施的空间布局有着紧密的关联。重大节事建设前应深入地进行经济、规划、建设等各方面的可行性研究，节事期间的需求和节事后的再利用是大规模集中建设的重要依据，其中后续发展期的利用计划尤为重要。重大节事的场馆与配套设施布局模式的确定，应以具体城市条件和城市发展策略为依据，关注节事后与城市其他部分的互相交融，以实现城市的整体发展为目标；场馆设施建设应重点关注建筑内部空间的灵活划分和组合，为节事期间的“反向功能转换”和节事后的多功能利用提供条件，配套设施建设则应关注城市功能的合理布局，逐步发展为城市社区的组成部分；此外，对于未来无法预计其赛后利用功能及价值的部分，尽量使用临时性设施。

9.2.2 倡导“基于城市持续发展”的建设模式

一、与城市发展阶段相对应的建设模式

实现城市的持续发展，是“为了城市的节事建设”这一建设思路的最终目标。制定与城市发展阶段相对应的节事建设模式和策略，是实现这一目标的核心。

城市的发展阶段不同，与节事建设相关的城市土地利用模式和城市基础设施建设模式存在差异。重大节事相关的土地利用应结合城市的具体情况，建立因地制宜的土地利用转换模式、土地动迁机制、土地储备机制，与重大节事组织机制结合，对节事建设的土地进行有效控制与调配。重大节事相关的城市基础设施建设，应综合考虑城市发展阶段和重大节事的性质，对建设投资计划进行详细评估，避免盲目建设造成的投资浪费；应当考虑城市发展

阶段和发展速度，建设策略应具有一定的前瞻性，避免效应滞后性带来的城市问题；还应鼓励大运量的公共交通，以城市整体发展框架为前提，为地区发展提供多种方式选择的交通体系。

重大节事的选址决策也应当考虑城市的发展阶段。当城市发展处于起步阶段，节事设施建设往往选址城市核心区，对城市空间结构形态影响较弱；当城市进入快速发展阶段或扩展阶段，往往选址城区边缘和城市近郊，提供更多的用地之外，更重要的是以此为契机进行新城建设、拓展城市空间，这类选址对城市空间结构形态往往有着决定性的改变和影响；而当城市发展趋于饱和、稳定时，选址则一般重新回到城市核心区或城市中心边缘，以此作为城市改造的有效手段，对城市空间结构形态起到调整和改善的作用。

二、促进城市空间结构形态的紧凑发展模式

城市在经济快速发展的同时，城市空间也在不断膨胀。城市发展与重大节事建设相结合，应注重利用重大节事促进城市空间结构形态的紧凑发展。如果城市空间不断地扩张和蔓延，重大节事的选址越来越远离城市中心，不仅会给重大节事的举办带来更多不利因素，也给城市的长远发展带来问题。城市发展应采取“精明增长”的模式，对于重大节事建设已经启动的新区应给予更多的关注，类似节事的举办应多以紧凑、高效的建设模式为前提，避免利用重大节事不断建设新区造成城市的迅速蔓延。

促进城市空间结构形态的紧凑发展，应当根据城市发展阶段，以重大节事建设促进旧城更新和新城建设两者的结合。利用重大节事进行旧城更新，应着重改善原有城市基础设施和原有城市环境品质，以新功能复兴衰落地区，或发展原有功能延续地区发展；重大节事带动新城发展，应以公共服务设施和交通体系为先导，加强与城市中心的联系。相比较新城建设为主的模式而言，以重大节事为契机进行旧城更新的模式更有利于促进城市空间结构形态的紧凑发展。

9.2.3 倡导“基于节事资源整合”的建设模式

一、利用节事后效应促进城市建设

重大节事的举办和引发的效应都具有一定的时间性，因此利用节事后效应进一步促进城市建设，是最大限度地利用节事资源的重要部分，是“基于节事资源整合”的建设模式的核心。节事后的城市后续发展应积极考虑场馆的再利用和周边地块的联动开发，并应纳入节事后的近期建设规划中，利用重大节事核心区的“边界效应”，对周边地块功能实行整体的合理布局，对周边地块开发性质进行引导和控制；周边地块的开发应以城市基础设施的建设为先导，以大型公共服务设施和居住项目快速建构区段格局，优先开发紧邻核心区的内圈层地块，同时跳跃式开发核心区的外圈层地块，使区段始终得以平衡地发展；还应当对出现的问题进行详细总结，节事后评价既是对前期决策的及时反馈，也是下一次节事前期决策的重要参考依据。此外，重大节事形成的空间真正体现其整合周边公共空间体系的作用，需要节事空间能形成与城市空间的交融和渗透，加强可及性和公共空间纽带效应，为节事后公共空间容纳和吸引城市市民的日常生活提供条件；重大节事规划设计应加强空间的记忆，强化主题空间的设计，成为城市中有历史记忆和归属感的场所。

二、空间布局的重叠性与延续性相结合

节事设施的选址，尤其是举办过类似节事的城市再次进行选址，应当首先关注数次节事的资源整合以及现有城市资源的整合。不仅应注重数次节事选址之间的重叠性和延续性，避免造成城市空间碎片化，而且应当对数次节事建设形成的城市空间进行适当地梳理与整合，避免城市资源的浪费。

选址策略包括：(1) 选址的权衡不仅要考虑城市发展阶段、重大节事的规模和影响程度，更要考虑城市甚至区域的长远发展；(2) 优先选址在城市中具有特征的区域，比如待开发的滨水、临山等区域，不仅能促进城市特色空间的开发，还能为重大节事的举办提供与众不同的空间场所；(3) 选址应当关注城市发展问题集中的区域，比如城市发展轴的交汇区域，集污染、景观、交通等问题于一身的荒废区域，由于重大节事具有"特殊性"和"复杂性"，不仅能够依靠政策指引高效地解决这些区域的问题，还能为区域周边的后续发展提供稀缺资源；(4) 重叠性和延续性选址可以互相结合，既强化空间特征，又能促进城市整体空间结构形态的发展；(5) 选址确定后，具体的城市空间规划和设计应以梳理城市空间、解决城市问题为目的，重大节事作为城市触媒的作用才能真正得以发挥。

三、扩大节事之间的叠加效应

多次举办类似的重大节事，对城市区段的格局完善有着重要的意义，不仅能为区段发展不断补充动力，也使城市积累的经验在区段的演变发展过程中得以应用，同时使区段的形态特征不断地得以强化和完善（图 9-6）。因此，重大节事相关设施应在规划阶段制定合理的建设时序，并且应当体现一定的规划弹性和灵活性，为城市的后续开发和类似节事的再次举办预留足够的发展空间和调整余地。

不同类型节事的举办，以及类似节事的反复举办，其产生的叠加效应应当充分得以扩大，注重把重大节事的影响向非节事举办地段和地区扩散，适当将节事的部分功能分散到周边地区，加强举办地与周边城市地区的交通联系是关键；加强选址的重叠性和延续性，能使节事形成的城市空间得以强化和延续，并能促使原有节事设施的再利用。

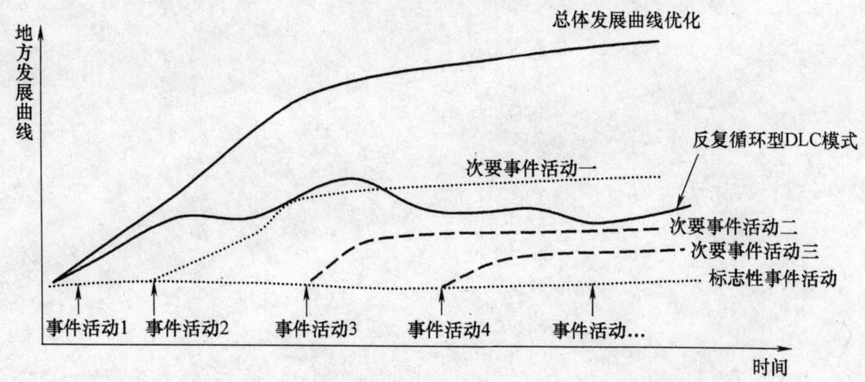

图 9-6 系列化事件促进地方可持续发展

资料来源：戴光全．重大事件对城市发展及城市旅游的影响研究［M］．北京：中国旅游出版社．2005：275

9.3 有待进一步研究的问题

根据重大节事相关研究的发展趋势以及我国的实际情况，这一领域还有许多值得进一步研究的问题，主要包括两方面：管理制度的建立和评估体系的建立。

一、节事管理、策划与控制

我国应加强节事管理、策划与控制，尽快建立科学量化的指标控制与管理体系。不同职能、不同规模的城市存在较大差异，对于节事的举办必须进行严格的评估论证，并针对性地制定管理和控制政策，避免盲目申办、超支建设、后续超负荷发展等现象。虽然目前我国各个城市都会进行节事前的可行性研究，但缺乏量化的指标控制与系统的管理，使许多前期研究难以起到有效的控制与指引作用。

二、节事评估论证体系的建立

城市形态研究的目的是确定城市合理形态，这也是城市规划和城市建设的目标和理念，因此城市形态的研究成果应在实践中有较强的可操作性，达到对城市规划和城市建设的指导作用。为此应加强节事影响下的城市形态计量方法的研究，建立重大节事的评价矩阵，确定重大节事影响下的城市形态要素及其权重，并根据重大节事和城市两方面的评估，确定相应的建设策略。此外，评价矩阵还需要在实践中不断更新和调整，因此需要针对节事后评价进行长期的信息跟踪，建立重大节事相关设施的项目库，对其投资和经济效益、以及对该区和城市的形态影响进行跟踪研究，经过数据反馈使评价矩阵的指标更为准确、客观，为城市申办和举办类似的节事提供有价值的参考。